LE FLEUVE BLEU

VOYAGE DANS LA CHINE OCCIDENTALE

PAR

GASTON DE BEZAURE

INTERPRÈTE CHANCELIER EN CHINE

Ouvrage enrichi de gravures et d'une carte.

PARIS

E. PLON ET Cie, IMPRIMEURS-ÉDITEURS

10, RUE GARANCIÈRE

1879

LE FLEUVE BLEU

Ce volume a été déposé au ministère de l'intérieur (section de la librairie) en avril 1879.

PARIS. TYPOGRAPHIE DE E. PLON ET Cie, RUE GARANCIÈRE, 8.

Le quai de la concession française, à Chang-hai.

LE

FLEUVE BLEU

VOYAGE DANS LA CHINE OCCIDENTALE

PAR

GASTON DE BEZAURE

INTERPRÈTE CHANCELIER EN CHINE

Ouvrage orné de gravures et d'une carte.

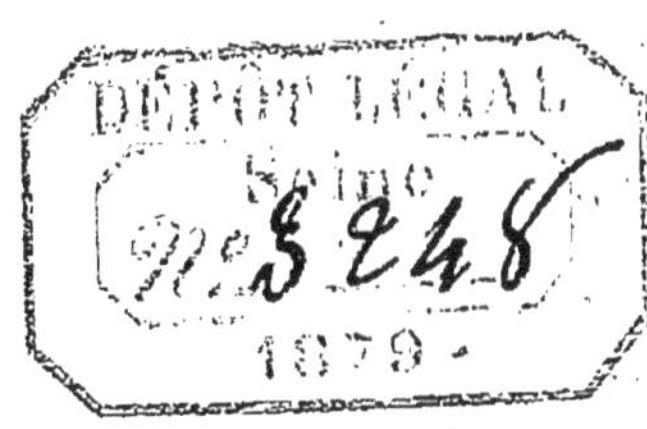

PARIS

E. PLON ET Cie, IMPRIMEURS-ÉDITEURS

RUE GARANCIÈRE, 10

1879

LE
FLEUVE BLEU

I

DE CHANG-HAI A OU-HOU

Un départ en Chine. — Le fleuve Bleu n'est pas bleu. — Le service des steamers. — Tchin-kiang et le canal impérial. — Opinion des Chinois sur les chemins de fer et les télégraphes. — Ne pas chercher la Tour de porcelaine, emportée de Nan-kin dans les malles des voyageurs. — La démolition pour dettes. — Ou-hou.

Sur le quai du Won-poo, en face du consulat général de France, dont le drapeau planté en terre flotte fièrement au soleil, des voitures roulent, des porteurs de palanquin se croisent rapidement, précédés de valets écartant la foule; des brouettes sonores, fiacres vulgaires portant d'un côté de la roue le bagage, de l'autre le malheureux voyageur, se précipitent vers le port; partout les chevaux sont remplacés par des hommes, soit que le mandarin fasse marcher gravement sa chaise, soit que le négociant, au galop de son domestique, fasse voler la légère *generitcha* japonaise.

De la rue du Consulat débouchent en criant les coolies, chaussés de paille, sordidement vêtus de grandes casaques-chemises, et portant en travers de leur épaule, aux deux extrémités d'un bambou, deux ballots. Leur éternel *hi-ho, hi-ho! ha-ho, ha-ho!* indispensable, disent-ils, pour leur marquer le pas, assourdit l'air, déchirant les rares oreilles civilisées, tandis que les brouettiers mettent leur point d'honneur à faire crier les bruyants tombereaux qu'ils conduisent.

C'est, depuis quelques années, l'un des quartiers les plus vivants de Chang-haï; et ce qui imprime à la foule un mouvement plus grand encore, ce qui répand sur la masse des travailleurs, des coureurs, des piétons et des attelages d'hommes, une sorte de vertige de hâte, c'est qu'on entend, dominant les bruits du port, souffler et éructer le *Hirado*, superbe steamer prêt à partir. Il est singulier à voir, dans le cadre exotique qui l'entoure, ce bateau pareil à ceux de New-York ou de Londres. Son panache de fumée semble arborer le pavillon de la civilisation européenne au milieu du vieux fleuve chinois.

C'est au *Hirado* qu'aboutit maintenant le tumulte de cette foule en marche, qu'affluent les véhicules et les portefaix. Ils déchargent, qui les balles d'opium, qui les drogues pharmaceutiques dans leurs enveloppes treillissées, qui les *shirtings* anglais, qui les huiles chinoises. Les uns passent sur le *hulk* pour en gorger le navire ; les autres, parvenus à bord, extraient de chaque brouette toute une cargaison d'ustensiles dont le Chinois ne se sépare jamais : la théière, le fourneau, les pipes à tabac et à opium avec leurs divers accessoires, et mille autres choses.

Le voyageur s'installe aussitôt au milieu de ses paniers, et enveloppe d'un regard inquiet ses voisins, qui le surveillent d'un œil non moins sévère, les uns et les autres n'étant pas bien certains de leur mutuel respect du bien d'autrui.

Quelques Européens viennent s'asseoir avec nous dans le salon réservé aux étrangers, entièrement séparés des indigènes. Il y a là un missionnaire en costume chinois qui va rejoindre ses néophytes, un clergyman escorté d'une famille nombreuse, et plusieurs passagers appartenant à des nationalités différentes. On fraternise déjà, car on sent que l'on appartient à la grande famille des nations chrétiennes.

Dans les entre-ponts, les Chinois entassés fument et grouillent; aux vapeurs qui s'exhalent de ce fouillis humain, à l'insupportable odeur de l'opium, les passagers s'écartent instinctivement.

La marée va descendre; un coup de sifflet, le grincement des cordages que ramènent les matelots malais, un remous bouillonnant autour des roues du bateau, nous annoncent le départ.

Le *Hirado* est emporté vers la mer sur les eaux jaunes du fleuve : sa quille blanche laisse derrière lui un profond sillage. Le pont est très-élevé, et debout sur cet observatoire mouvant, nous apercevons au milieu de la rivière des vaisseaux de guerre anglais, américains, japonais, et les stationnaires du consulat. Mais tout s'efface rapidement, le flot nous entraîne. Voici la mer; voici, passant près de nous à toute vapeur, l'*Iraouaddy*, des Messageries maritimes, qui vient de France. Dans quinze jours il repartira pour Marseille, emportant nos dépêches : nous serons alors déjà bien loin ! Ce n'est pas sans un sentiment de regret que nous voyons disparaître ses pavillons tricolores : car le drapeau, c'est encore la patrie, comme le consulat de France à Chang-haï, c'est la France toujours présente. Et maintenant nous allons nous enfoncer dans des régions éloignées où la civilisation n'a pas pénétré; nous entreprenons un voyage périlleux dans des contrées à peine explorées, à travers des obstacles et des dangers possibles, au milieu de populations ignorant l'Europe.

Une énorme tache jaune s'étend devant nous sur l'Océan, une embouchure immense s'ouvre dans les terres plates presque submergées. — *Le fleuve Bleu!* s'écrie mon compagnon de voyage. — *Le Yang-tze-kiang!* dit mon lettré. Pourquoi cette dénomination flatteuse de *fleuve Bleu*? pourquoi ce titre orgueilleux de *Fils de l'Océan* donné par les Chinois à leur fleuve? Ses eaux, loin d'être azurées, sont bourbeuses et gardent une teinte fauve; et cet enfant de la mer a bien peu l'amour de la famille, car ses flots sont rebelles aux caresses des vagues, et il semble refuser de rentrer dans le sein maternel. C'est un spectacle des plus curieux que cette vaste étendue d'eau jaunâtre faisant digue et ne se confondant jamais avec l'azur de la mer.

Je songe involontairement au Rhône, que j'ai vu à Bouveret se conduire de même à l'égard du Léman. Ces grands fleuves ont des fiertés patriciennes : ils prétendent rester en dehors de la plèbe aquatique.

L'estuaire du Yang-tze-kiang est d'une navigation difficile. Les écueils y sont nombreux, des bancs de sable s'y rencontrent qui déroutent souvent le pilote le plus habile par des formations nouvelles et inattendues.

A mesure que nous avançons dans le fleuve, nous croisons des bateaux qui entretiennent des relations fréquentes du cours inférieur du Yang-tze-kiang à la ville que nous quittons. Il y a en effet sur le fleuve, entre Chang-haï et les différents ports ouverts aux Européens, un service régulier de beaux steamers : les uns, très-confortables et luxueux même, appartiennent à MM. Butterfield et Swire ou à MM. Russell and C°[1], et les autres au *China Merchants*.

Le *China Merchants* est une compagnie chinoise de navigation créée par Ly-hong-tchang, vice-roi du Tche-ly. Cette grande compagnie, subventionnée, paraît-il, par le gouvernement, fait une concurrence acharnée aux *firms* européennes, qui, comme les Jardine, les Douglas Lapraik, etc., ont des steamers pour faire le cabotage.

Actuellement, le *China Merchants' Steam navigation Company* a plusieurs grands et beaux vapeurs sur la ligne de Tien-tsin, de Han-keou et de Fou-tcheou. Pourra-t-elle lutter long-

[1] Tous les vapeurs de MM. Russell and C° ont été achetés par la Compagnie chinoise.

temps encore contre les capitaux anglais et américains? Cela est douteux.

Presque tous les bateaux sont déjà hypothéqués à 10 pour 100, et les fonds deviennent bien difficiles à trouver en Chine. Les grands banquiers du Chen-si, qui ont à plusieurs reprises prêté de l'argent au gouvernement de Pé-kin, n'ont pu obtenir et n'obtiendront pas le remboursement de leurs avances; de plus, l'État vient de faire un nouvel emprunt, garanti par le service des douanes impériales maritimes. Aussi n'est-il pas permis d'espérer beaucoup dans l'avenir des compagnies qu'il subventionne.

A soixante-dix lieues environ de Chang-haï, la ville de Tchin-kiang-fou apparaît sur la rive droite du fleuve. Le bateau s'arrête : c'est notre première station depuis le départ.

Tchin-kiang-fou est un des ports du Yang-tze-kiang ouverts au commerce; son importance est secondaire : quelques Européens seulement, consuls, marchands ou missionnaires, s'y rencontrent. Cette ville n'accepte pas volontiers les Européens; et, de fait, depuis la guerre de 1860,

Les brouettes-voitures, à Chang-haï.

les missionnaires et consuls anglais et américains ont pu l'apprendre plus d'une fois à leurs dépens. Elle partage cette mauvaise réputation avec Yantcheou, qu'on trouve plus au nord dans l'intérieur, à trois petites journées.

A l'endroit où nous sommes arrivés, une tranchée s'ouvre près des remparts en ruine, morne, obstruée de limons verdâtres; des eaux croupissantes et des ordures sont éparses par flaques au pied des talus effondrés. Voilà ce qui fut l'entrée du fameux canal impérial, le Iun-lean-hô, une des merveilles de la Chine.

Notre imagination nous reporte malgré nous à l'époque où chaque année passaient là, dans l'eau profonde, trois mille grandes jonques apportant aux greniers du Fils du Ciel les tributs de riz et de sorgho des provinces méridionales. Aujourd'hui, la prodigieuse artère n'est plus qu'une sorte de fossé d'écoulement. En été, alors que la crue a fait monter le niveau du fleuve Bleu de plus de trente mètres, et que l'insatiable Fils de l'Océan, dévorant des villes entières, inonde deux grandes provinces, le canal détourne une portion du trop-plein de ses eaux. A cette époque seulement, une barque peut aller de Tchin-kiang à Linn-tsin-tchéou dans le Chan-tong.

Comment expliquer le dépérissement d'une œuvre, la plus gigantesque peut-être qui soit en Chine, et certainement celle qui aurait pu rendre le plus de services au commerce?

Ce canal unique au monde ne fut ni conçu ni exécuté en vue de l'utilité publique; les empereurs en gardèrent toujours le monopole pour eux et pour leurs familles. Ils l'employaient au transport des produits de l'impôt en nature sur les céréales du midi. Le jour où les luttes intestines détournèrent l'attention du souverain et troublèrent la perception des dîmes, le gouvernement abandonna complétement l'entretien du Iun-lean-ho, et la vase envahit son lit. On fit venir le riz par mer. C'est pour cela que chaque année les mandarins réquisitionnent trois ou quatre cents navires qu'ils dirigent sur Tien-tsin. Ainsi le commerce n'est point venu rendre la vie au canal; les pressions arbitraires des gouverneurs détruisent la spéculation et sont un obstacle au développement des affaires dans le sud de l'empire.

Sans doute, nous ne verrions plus aujourd'hui les malheureuses populations du Chan-tong et du Tche-ly décimées par la famine, si la navigation sur le canal impérial était encore possible. Alimenté par les eaux du fleuve Bleu, il les roulait vers le nord, à travers ces provinces auxquelles il apporterait aujourd'hui leur subsistance. Il les ferait communiquer avec Tien-tsin, où il va se perdre dans le Pei-ho, tout près du palais impérial, cédé en 1860 à la France, et occupé pendant dix ans par nos consuls et nos missionnaires jusqu'aux massacres de 1870. Il pourrait ouvrir la Chine intérieure au commerce européen.

J'ai contemplé longtemps cette ouverture d'une voie de six à sept cents lieues de longueur transformée en une espèce de marécage, et je ne pouvais me défendre de tristes réflexions. Je songeais à tout le travail, à toute l'intelligence dépensés dans cette canalisation colossale, où des sinuosités innombrables avaient été savamment ménagées pour prévenir la violence du courant, et par laquelle la Chine inconnue réalisait déjà les plus hautes conceptions du progrès pacifique, quand le monde entier ne s'occupait encore que de guerres et s'épuisait en luttes [1]. La plus large idée que les souverains du Céleste Empire aient jamais eue est certainement la conception du Iun-lean-ho ; pour nous, c'est une œuvre qui ne le cède pas à la grande muraille, ce travail si vanté de Tsin-chi-hoang.

Tel qu'il est, le canal impérial pourrait encore redevenir ce qu'il fut, si un empereur ou une compagnie prenait la résolution d'exécuter le projet auquel tout le monde songe : nettoyer et creuser le Iun-lean-ho. Mais personne ne le fera, dans ce pays qui lui aussi est envasé dans la mollesse et l'incurie. Vivre au jour le jour, ne s'exposer à aucun trouble, demeurer tranquilles, ne pas supporter d'être dérangés dans leurs chères habitudes, voilà les seules préoccupations

[1] Lao-tze écrivait, plus de cinq cents ans avant J. C. : « La paix la moins glorieuse est préférable aux plus brillants succès de la guerre. La victoire la plus éclatante n'est que la lueur d'un incendie. Qui se pare de ses lauriers aime le sang et mérite d'être effacé du nombre des hommes... »

des Chinois. Les idées nouvelles les irritent. Ils les repoussent, et si on les leur impose, ils luttent pour les renverser. Qu'on essaye de leur créer des voies de communication perfectionnées! Ils ne se contenteront pas de les laisser dépérir comme le Iun-lean-ho. Construisez-leur des chemins de fer : cela va trop vite ; ils les brûleront. Établissez des télégraphes : cela détruit le *fong-choui*[1] ; ils enlèveront les poteaux, et des fils ils feront des clous.

Cette insuffisance du canal impérial, ce manque absolu de grandes voies, joints à l'inertie de la race, ont pour la Chine les plus désastreuses conséquences. Comme nous l'avons dit, la famine

[1] *Fong-choui* (littéralement, vent et eau). Les Chinois désignent sous ce nom une certaine harmonie qui doit régner, disent-ils, soit entre les éléments, soit entre les lignes, pour que les hommes soient heureux.

Une région est-elle attaquée par des fièvres paludéennes, on attribue la maladie à la disparition du *fong-choui*. Le voisin a-t-il bâti une maison dont une ligne d'angle prend en flanc la muraille de l'édifice à côté, l'harmonie est détruite, le mauvais génie va se jeter sur la malheureuse habitation. C'est une sorte de *jettatura* qui trouble le *fong-choui*. Il n'est pas étonnant que les poteaux pointus du télégraphe et ses longues lignes de fils passés dans des faïences à formes insolites paraissent redoutables à une nation superstitieuse.

dépeuple des contrées entières : le Chan-si perd un tiers de ses habitants ; le Chen-si, le Chan-tong, le Tche ly, les deux dixièmes au moins ; dans le midi, où déjà l'inondation a fait de cruels ravages, le choléra vient répandre la terreur et achever l'œuvre de destruction.

Il semble que de pareilles souffrances auraient dû, à la longue, exaspérer la population ; que quatre cents millions d'hommes se seraient enfin levés pour réclamer un remède à tant de maux, et qu'ils auraient un jour exigé du gouvernement qu'il donnât à la Chine ce que possèdent tous les autres pays du monde : des voies ferrées, des canaux navigables, des routes pour le transport du riz et du sorgho. Cette grande manifestation ne s'est pas faite : les paisibles Chinois meurent, mais meurent avec soumission.

A peine a-t-on vu quelques bandes de maraudeurs piller le grenier d'un riche avare et impitoyable, qui refusait de donner, de prêter, de vendre aux mourants une mesure de grain.

Quelques heures de navigation séparent à peine Tchin-kiang de Nan-kin.

Nan-kin est une des villes de Chine qui ont été le plus souvent et le mieux décrites ; aussi ne nous arrêterons-nous pas à en présenter le tableau. D'ailleurs, la peinture que nous en ferions risquerait d'être bien rétrospective. Depuis une quinzaine d'années, en effet, les *Taï-ping*, *Tchang-mao* ou rebelles à longs poils ont dévasté la cité immense, et derrière ces puissantes murailles, le voyageur n'aperçoit plus que des ruines. On chasse le chevreuil, la bécassine et le faisan dans les lieux mêmes où se dressaient de belles rues, de riches maisons, de grands magasins aux devantures dorées et rouges. Seule, la partie sud est aujourd'hui habitée ; c'est là qu'est le *nan-men* (porte du midi), où sont groupés les marchands, la bourgeoisie, les tribunaux, et toute la partie vitale de la ville.

Le vice-roi de la province réside à Nan-kin ; il habite un palais construit par le chef des Taï-ping, lequel prétendait descendre de la dynastie des *Ming* et se faisait appeler *prince*. Il faut que l'orgueil chinois ait oublié ses traditions nationales, ou bien que les fonds publics soient fort bas, pour que ces constructions des rebelles n'aient pas été *maudites* et *rasées*.

Avant de quitter Nan-kin, j'ai voulu voir l'emplacement de la Tour de porcelaine, et, conformément à l'usage établi parmi les touristes et les *globe-trotters*, emporter avec moi, en manière de souvenir, un de ses fragments vernissés, blancs, jaunes ou verts, de forme bizarre.

Le propriétaire du bidet que j'avais loué à l'entrée du faubourg de la ville s'offrit pour guide et me conduisit près d'une petite pagode dans un terrain vague, en dehors des murs.

Désireux d'obtenir des renseignements précis sur la tour fameuse, et surtout d'en retrouver quelques vestiges, je m'adressai à un bonze qui depuis quelques minutes me contemplait d'un air béat. Mais humilié sans doute qu'un *Yan-kouai-tze* (diable d'Occident) l'interrogeât, il se contenta, sans répondre, de me montrer du doigt une sorte d'esplanade couverte de ronces. — Je m'approchai et j'écarquillai les yeux tant que je pus : aucun débris, pas une trace ne laissait voir qu'il existât là, il y a vingt ans à peine, un monument d'une originalité telle que les poëtes chinois crurent devoir en faire une divinité. Je m'en allai, penaud de ma déconvenue, et je dus quitter Nan-kin, ma malle vierge de toute brique de porcelaine, enviant les voyageurs fortunés qui ne manquent pas chaque fois d'en ramasser de nouvelles.

Un petit canal de deux lieues seulement relie Nan-kin au fleuve. Je le descendis sur une barque que me fournirent les Pères Jésuites, de qui j'avais reçu une hospitalité cordiale. Revenu au Yang-tze, je me trouvai au milieu d'un amas de jonques groupées à l'entrée du canal; le steamer *le Ho-nan* devait arriver avant la nuit, et j'allai faire, en l'attendant, une promenade sur la berge en face de ma barque. Je fus alors témoin d'une scène qui semblerait étrange en Europe, mais que l'on a souvent occasion de voir en Chine, pour peu qu'on se mêle à la population des campagnes. Une cinquantaine de bateliers s'acharnaient à détrousser, à dématér, à déchiqueter une grosse jonque; les cordages, les voiles, les rames, le gouvernail, la batterie de cuisine, les tables, les planches servant de lit, tout disparaissait pour passer sur une jonque plus grande, à l'ancre près de là.

Je n'avais guère, d'abord, prêté attention à ce déménagement; mais tous les Chinois de ma barque, domestiques et rameurs, en étaient si occupés que je m'approchai d'eux pour savoir ce qui les absorbait à ce point.

« Ce sont, me dirent-ils, des mariniers qui se sont battus pour affaire de jeu ou de créance; les vainqueurs pillent les vaincus. C'est justice. » Ceux-ci, debout sur la rive, voyaient en silence le dégréement de leur jonque.

J'ai assisté plusieurs fois dans le nord de la Chine à de pareilles opérations : les débiteurs qui refusent de payer leurs dettes, ou qui sont devenus véritablement insolvables, se voient presque toujours chassés de leur habitation par une troupe d'hommes et de femmes armés de pioches; il est procédé à la démolition de la maison : c'est l'affaire de quelques heures. Et l'on rencontre ces créanciers emportant, les uns, une table, une porte ou une chaise; les autres, des croisées, la marmite et les casseroles; quant aux murs, s'ils sont en terre, on les laisse debout; s'ils sont en briques, on les arrache pour en charger des voitures, et l'on emporte celles qui peuvent être utilisées.

Ainsi, autrefois, chez les Romains, une des Douze Tables permettait aux préteurs de couper en morceaux le débiteur insolvable et récalcitrant : *in partes secanto,* disait la loi [1]. Les créanciers s'en allaient chacun de son côté, l'un avec un bras, l'autre avec une jambe, selon le hasard du partage.

Il y a progrès en Chine : on dissèque la maison, non le propriétaire.

Au demeurant, cette méthode de se faire justice soi-même est moins coûteuse qu'un procès, et les débiteurs eux-mêmes y trouvent leur avantage; d'ailleurs, elle a cela de bon qu'une fois la maison démolie, les créanciers n'eussent-ils trouvé dans les matériaux qu'ils emportent qu'un

[1] On considère cependant en général cette loi comme purement comminatoire, et l'on pense qu'elle n'a été que très-rarement appliquée.

dixième de ce qui leur est dû, ils sont obligés de s'en contenter : ils se sont payés par leurs mains. Le mandarin, dans le cas où il apprendrait ce qui s'est passé, ne punirait les coupables que de cent coups de bambou. Si plus tard les créanciers voulaient exiger le complément de la dette, le débiteur porterait plainte, et l'autorité jugerait en sa faveur.

Mais j'entends un sifflement prolongé ; c'est le *hou-hou* d'un vapeur américain : c'est le *Ho-nan.*

Vite, vite, je monte à bord, car les steamers ne stoppent que quelques instants en vue de la ville de Nan-kin.

Il est déjà tard ; les eaux du fleuve reflètent les teintes rouges du soleil couchant. On peut cependant encore apercevoir au loin les ruines de Tâï-ping-fou, qui fut habitée pendant sept années par les rebelles. Il ne reste plus de cette ville, autrefois renommée pour sa beauté, que quatre petites tours octogones et quelques masures.

Nous oublions les ruines au milieu de l'agitation commerciale de Ou-hou, riche cité que les négociants européens, toujours soucieux d'ouvrir des voies à leur trafic, convoitent depuis longtemps[1]. Mais bientôt ses mâts et ses mille jonques se confondent dans l'éloignement avec les roseaux du rivage.

Dans la brume du soir, on entend la clameur des grenouilles, pullulant au milieu de la vase spongieuse et molle, saturée d'eau, qui forme le sol marécageux de la province du Kiang-nan.

1 La convention récente de Tche-fou vient de la comprendre dans les cinq nouveaux ports ouverts au commerce étranger.

II

DE NGAN-KIN FOU A HAN-KEOU

La ville grimpante. — Un « vieux grand monsieur » de vingt-six ans. — Le matelas d'or de l'avare. — La pagode du Chien fidèle. — Comment de hérisson on devient dieu. — Les fabricants de vieille porcelaine à Kieou-kiang. — Les faubourgs à fleur d'eau de Han-keou. — Les bottes des hommes de thé. — Les crus de thé.

En approchant de Ngan-kin-fou, l'aspect des rives change : les roseaux sont plus rares, les montagnes se haussent et se pressent. L'œil, fatigué des teintes grises, se repose volontiers sur des coteaux verts et des collines boisées. Du milieu du fleuve, nous voyons surgir un à un sur les sommets des manières de villages, semblables de loin à des nids géants accrochés à de grandes hauteurs, ou à ces cormorans qui se perchent sur les rochers et que nous rencontrerons au Se-tchuen, dans le cours même de ce voyage.

Bientôt ces groupes indistincts s'étagent et

s'harmonisent; le paysage s'éclaire : voici venir à nous une ville aérienne, bâtie sur trois assises, et offrant le pittoresque assemblage de maisons de bambous et de nattes recouvertes de boue ou de mortier, grimpant vingt-cinq collines à la fois, se hâtant les unes derrière les autres et s'échafaudant jusque dans les airs. C'est la curieuse cité de Ngan-kin-fou, avec ses trois quartiers séparés, imitant philosophiquement par leur assiette l'échelle sociale elle-même : en bas sont parqués les ouvriers; les commerçants vivent à mi-côte; les mandarins habitent les cimes.

Comme toutes les villes qui tombèrent au pouvoir des rebelles, Ngan-kin-fou souffrit beaucoup du passage de ces vandales. Avant eux, les habitations étaient en pierre et présentaient un caractère plus monumental. Au reste, nous ne pûmes guère constater des traces de ravages et fûmes obligés de n'emporter qu'une idée bien générale de cette cité : en effet, il est difficile aux passagers d'y descendre, les navires ne s'y arrêtant que très-peu d'instants. Elle passe pour être hostile eux Européens : j'incline fort à le croire. C'est le pays qui a sévi avec le plus de violence, par ses grands mandarins, contre les prédicateurs de l'Occident. Il n'y a pas deux ans, ils ont massacré un prêtre et plusieurs néophytes. En 1860, dans toute la province du Ngan-hoeï, il n'y avait pas, je crois, une famille chrétienne. Les missionnaires jésuites, qui depuis quinze ans cherchent au prix des plus grands efforts à introduire quelque civilisation dans cette contrée presque inabordable, ont vu à plusieurs reprises incendier leurs chapelles et leurs écoles.

Nous prîmes là deux ou trois passagers chinois. Il y avait parmi eux un petit mandarin du troisième degré, un bouton de cristal : il était *ouei-iuen*, c'est-à-dire délégué quelconque, ou simplement peut-être suivant d'un haut personnage. Je m'approchai et reconnus en lui un *riche*, comme on dit en chinois ; il portait la robe de soie à ramages couleur prune, le *ma-koua-tze*, sorte de casaque en satin noir bordé de fourrures, et les souliers gris-perle avec arabesques de velours. Derrière lui, un domestique portait le chapeau officiel, la pipe à opium et la théière. Nous liâmes conversation, et quoique ce fût un jeune homme, je commencai selon l'usage par lui dire : « Vieux grand monsieur, quelle est la noble première lettre de votre nom, votre noble pays et votre grand âge ? »

Il fut aimable et daigna me répondre. Il me dit qu'il était le neveu de Ou-fan-taï, le trésorier général de Ngan-kin, qui organisa la résistance dans la ville contre les Nien-feï, voleurs ambulants. Et là-dessus, voilà mon petit mandarin embarqué sur des bavardages extravagants; dans le flot je recueillis cette petite histoire, qui donne une idée suffisante de la vaillance des Chinois.

C'était dans le temps où la ville de Ngan-kin était assiégée par les Nien-feï. La population affolée faisait rapidement ses malles et se disposait à traverser le fleuve pour chercher un abri sûr parmi les villages voisins. En l'absence du gouverneur, le *fan-taï* (trésorier général,) cherchait à arrêter l'émigration. Il distribua des armes à tous les hommes valides, et ordonna que personne ne manquât au service des remparts.

Les Chinois, fidèles à leur nature peu guerrière, s'empressent en pareille circonstance de se dérober aux exigences de leurs chefs. C'était chez les habitants de Ngan-kin à qui s'esquiverait de la ville. Bientôt cela devint un sauve qui peut général, et Ou-fan-taï se vit obligé de fermer les portes et d'établir à chacune d'elles un poste de soldats dévoués, avec ordre de ne plus laisser sortir que les malades, les vieillards, les femmes et les enfants.

Or, un avare, fort riche et fort soucieux de conserver sa richesse en même temps que son propre individu, après avoir essayé en vain plusieurs stratagèmes pour y réussir, s'avisa du moyen suivant. Sur un solide brancard improvisé, il étala des lingots d'argent, de la valeur de quinze mille francs de notre monnaie; par-dessus il étendit une couverture, un petit matelas; puis, subitement atteint d'une maladie des plus graves, il se coucha, en geignant, sur le tout.

Porté sur les épaules de quatre vigoureux gaillards qui avaient intérêt à ne le point trahir, le faux malade parvint ainsi à la porte de l'Ouest. Là, le chef du poste examina minutieusement la face suspecte de ce moribond : elle était piteuse, enveloppée de chiffons, avec des yeux morts et une bouche tordue d'où s'échappaient des *eh-ya! eh-ya!* lamentables. L'officier, sourd à tant de douleurs, souleva délicatement la couverture, découvrit la cachette, avec le flair des hommes de douane, et le pot aux roses apparut. C'est à peine si le malheureux agonisant put sauver sa personne et sa chemise.

Nous avions trouvé en Espagne et ailleurs des récits analogues; nous en conclûmes que cette ruse est une légende universelle.

Ce bouton de cristal était bon diable : nous causâmes longtemps encore et devînmes très-bons amis; il m'offrit sa pipe à fumer et une tasse de son thé. Les Chinois aiment beaucoup à faire montre de leur érudition; ils sont, en général, excellents diseurs. Le neveu de Ou-fan-taï fut très-flatté de voir que je l'écoutais avec intérêt.

Nous étions arrivés en face d'une superbe pagode battue des eaux; elle s'élevait sur la rive gauche du fleuve, au versant d'une montagne où s'épandait une forêt de sapins. Le lieu semblait recueilli; au front du monument sacré, le soleil faisait rayonner la vernissure jaune des corniches; des tigres d'or grimaçaient sur les portes rouges, allongeant leurs formes fantastiques; autour des colonnes de bois laqué, que couronnait une véranda aux bords évasés, des dragons verts et bleus se tordaient.

« A quelle divinité est donc consacré ce temple? dis-je en me tournant vers le parent du trésorier.

— A un chien.

— Bah!

— Voyez plutôt. Vous pouvez lire avec votre lorgnette les trois grandes lettres dorées qui brillent au haut de l'édifice : « Ngi-keou-tang », *Pagode du chien fidèle*.

— Il y a là-dessus une légende?...

— Que je vais vous conter. »

Et l'intarissable petit mandarin commença :

« Ah! c'était, avant de devenir un dieu, un bien bon et bien intelligent caniche que Eull! Il appartenait à un menuisier. Ce brave artisan avait à force d'épargne et de privations amassé dans le Kiang-si un petit avoir. Il revenait au pays avec son chien : il ne s'était point séparé de Eull pendant de longues années de voyage; ils avaient traversé la même fortune, vieilli ensemble, et l'animal, toujours prêt à comprendre l'homme, était devenu son meilleur ami. Le menuisier poussait devant lui une brouette chargée de son trésor, de ses outils, de son bagage; à dix pas d'intervalle, Eull trottait suivant son maître. Tout entier au bonheur de revoir son village, l'homme se hâtait, bâtissant des rêves, arrangeant doucement la paix de ses vieux jours, avec le produit béni de tant de fatigues, et souriant au repos péniblement acheté. Environ deux lieues avant d'arriver à Ngan-kin-fou, le chien s'arrêta : le soir tombait. On entendit d'abord des jappements pressés comme des appels; le maître, les oreilles et les yeux pleins de songes, marchait plus vite, poursuivant la vision lointaine. Alors l'aboiement de Eull ressembla à un long sanglot : on eût dit qu'il se lamentait sur un malheur irréparable, et qu'après avoir vainement tenté d'avertir son ami, il pleurait sur lui, comme s'il voyait sa vie à jamais perdue. Mais les malins esprits de la nuit berçaient le voyageur d'images riantes, empêchant les plaintes de Eull d'arriver jusqu'à lui. Dans l'éloignement, les hurlements douloureux s'éteignirent. L'homme, d'un pas ému, touche enfin au seuil si désiré ! Là, pour se bien convaincre de la réalité heureuse, il veut porter la main sur la consolation de sa vieillesse, sur l'argent qu'il a mis toute sa vie à gagner. O désespoir ! la caisse est vide ! la brouette est défoncée et son trésor perdu ! Les yeux à terre, courbé, pleurant, il erra jusqu'à l'aube, et pendant huit jours et huit nuits il ne se lassa pas de chercher encore. Fou de douleur, résolu enfin à quitter une existence désenchantée, tué déjà par la mort de son espérance, il essaye d'atteindre une branche pour s'y nouer la gorge. Au pied de l'arbre il heurte une forme étendue ; il se baisse, il regarde : c'était Eull, mort !

« Sous les pattes de son humble ami, la terre

était fraîchement remuée : l'argent était là. Le pauvre animal avait gardé à l'homme le bien où il lui voyait mettre toutes ses joies : jusqu'au dernier souffle, il l'avait défendu, fidèle, et voyant que pour vivre lui-même il lui fallait quitter et perdre ce qui faisait la vie de son maître, il s'était condamné à mourir.

« Quelques semaines plus tard on éleva en ce lieu un petit monument commémoratif. Personne ne songeait encore à faire de Eull une divinité ; mais les poëtes vantèrent si bien les vertus du chien qu'il vint quelques bonnes femmes dire des prières et brûler de l'encens sur sa tombe. Peu à peu la dévotion se propagea ; on venait de fort loin pour obtenir la faveur de retrouver une vache, un âne, une poule ou de l'argent ; le modeste monument ne suffisait plus. — On fit une souscription dans tout le pays, et l'on put bientôt construire la magnifique pagode de Ngi-keou-tang, qu'habitent aujourd'hui une douzaine de bonzes. »

Certes, si Confucius renaissait et qu'il pût voir à quelles superstitions grossières sont descendus ceux qu'il avait dotés d'une religion, ce spectacle attristerait profondément le vieux philosophe! Ce temple élevé à un chien n'est pas un fait isolé en Chine, et pendant que le neveu d'Ou-fan-taï s'émouvait presque lui-même à son récit, je me rappelais une pagode semblable que j'avais vue à cinq lieues au sud-ouest de Tien-tsin et qui se mêlait dans mon souvenir à une histoire de hérisson. C'était en effet à un insectivore de cette espèce qu'on avait dédié le lieu saint. Une grange brûlée, un hérisson effaré trouvé dans les cendres et qui cachait évidemment sous ses piquants un esprit incarné dans sa forme, il n'en avait pas fallu davantage pour élever un temple éclatant, créer des revenus à la bête morte, que remplace dans un grillage un congénère vivant, et pour entretenir une demi-douzaine de gros bonzes chargés de nourrir, vénérer et invoquer nuit et jour l'animal. Le voyageur peut visiter tout cela aujourd'hui, et le sanctuaire s'appelle Tsse-wei-tang, ou la pagode du Hérisson.

Poussé par une forte brise, le *Ho-nan* glissait

sur les eaux jaunes du fleuve, chassant devant lui des vols de canards et de sarcelles. Depuis longtemps déjà les tigres et les dragons bariolés de la pagode, la montagne, le bois de sapins s'étaient effacés derrière nous : de nouvelles nuées d'oiseaux aquatiques ne cessaient de voleter autour du bateau. Mais le bruit des roues, quelques coups de fusil d'officiers et de passagers s'amusant à faire parade de leur adresse, effarouchaient bien vite ces oiseaux, qui s'enfuyaient en une longue bande blanche et noire vers le lac Po-yang, dont on apercevait l'entrée au loin, sur notre gauche.

A peine avions-nous marché quinze heures depuis notre départ de Nan-kin, et déjà nous touchions à Kieou-kiang, notre dernière étape avant d'entrer au plus lointain des ports ouverts aux Européens sur le fleuve Bleu, dans la grande ville de Han-keou.

Kieou-kiang n'a qu'une importance relative : les trois ou quatre maisons européennes qui y sont établies ne font presque pas d'affaires. Pendant deux mois seulement, elles exportent du thé; mais on est ici trop près de Han-keou, qui absorbe cette branche de commerce.

Nous ne nous arrêtâmes à Kieou-kiang qu'une heure ou deux, le temps de jeter sur le quai quelques ballots de « shirtings » et d'embarquer quelques jarres d'huile de ricin. J'ai pu cependant aller visiter un des magasins de porcelaine dans la ville chinoise. C'est de la province du Kiang-si, dont Kieou-kiang est une des principales villes, que provient cette porcelaine à fleurs et à personnages si répandue en Chine. On en trouve partout : à Marseille comme à Paris, les vitrines des boutiques regorgent des échantillons de ce genre. Tout récemment, à l'Exposition universelle, on a pu en voir une salle pleine dans la section chinoise.

Dans ces fabriques de Kieou-kiang, on imite assez bien la vieille porcelaine. Il n'est donc pas rare de voir un marchand de bibelots vous offrir pour le modeste prix de mille francs un vase ou une potiche qui en vaudra bien cinq ou six. Vous croyez posséder dans votre collection un beau spécimen de la porcelaine de Kan-chi ou de Tien-long; souvent ce n'est que l'imitation d'un vieux dessin sur un vase fabriqué en 1877. Le brocanteur indigène a su donner à quelques petites ébréchures faites à dessein une teinte noirâtre qui peut tromper les connaisseurs, même ceux qui se disent habiles.

J'admirai fort, comme je le devais, ces magiciens surprenants qui narguaient les siècles, faisant marcher le temps à reculons et fabriquant aujourd'hui des porcelaines de plusieurs centaines d'années d'existence, et je revins au steamer, emportant cinq ou six petites assiettes jaunes et rouges, une théière blanche sur laquelle un terrible guerrier bleu était campé, et quelques tasses à paysages variés, avec leurs soucoupes, où s'ouvraient des fleurs de lotus. On y voyait écrit en beaux caractères : « Oh! qu'il est doux de boire le thé à l'ombre des bambous! » Le tout m'avait coûté huit francs. C'est qu'il fallait songer à monter peu à peu le ménage dont nous ne tarderions pas à avoir besoin, quand sur notre barque chinoise nous nous mettrions en route pour le Se-tchuen.

Nous ne devions plus rester longtemps à bord du *Ho-nan*. Le soleil était encore sur l'horizon que déjà l'on apercevait de loin une fourmilière de bateaux et de barques de toutes dimensions; c'était l'entrée de l'immense port de Han-keou.

Nous distinguons à droite des formes blanches : ce sont les maisons européennes; et plus loin, un amas de longues poutres s'enfonçant dans la vase, surmontées chacune d'une cahute noire, comme dans les cités lacustres des premiers temps; elles ont l'air d'oiseaux monstrueux endormis sur une patte au bord du fleuve, ou de fantastiques girafes avançant curieusement la tête et dressant le cou : ce sont les faubourgs de Han-yan-fou. A gauche, de l'autre côté du Yang-tze, qui a ici plus de deux kilomètres de large, une grande et forte ville s'entoure de murs : c'est Ou-tchan, la capitale du Hou-pe. Nous sommes dans la partie la plus populeuse et la plus commerçante de la Chine. On dit qu'autre-trefois, avant les rebelles, la réunion de ces trois villes formait une agglomération de plus de dix millions d'habitants.

Le commerce de Han-keou est très-important. Les produits des riches provinces du centre et de l'ouest y arrivent facilement par le Yang-tze et par l'impétueuse rivière Han, qui a donné son nom à cette ville : Han-keou, « bouche du Han ».

Les Anglais et les Russes y font un grand commerce de thé; mais le *tea season* (saison du thé) ne dure que deux ou trois mois. Il est vrai qu'à cette époque on fait près de soixante millions d'affaires. C'est le moment où arrivent les *tea tasters;* la population européenne est alors doublée. Dix vaisseaux à la fois sont à l'ancre et se chargent de thé pour l'apporter directement à Londres ou à Odessa.

Ici, comme à Fou-tcheou, les Russes ont dans l'intérieur du pays des résidences et des fabriques au centre des régions du thé. Ils achètent sur place et font fabriquer, avec des résidus et des thés de qualité inférieure, le *the en briques,* qui est bu en Russie par l'armée, les Cosaques et le peuple. Ce sont eux encore qui expédient de Han-keou ce que l'on appelle le *thé de la Caravane.*

J'ai eu occasion de visiter à Fou-tcheou, d'où l'on exporte la meilleure qualité et la plus grande quantité de cette denrée, la belle plantation de Pé-lin, située sur de hauts plateaux. J'y ai vu l'arbre à thé, qui appartient, comme on le sait, à la famille des camélias : c'est un petit arbuste rabougri et très-vivace. La récolte commence au mois de mai ; on coupe alors la pousse de l'année, c'est-à-dire les petites feuilles qui sont le plus près des bourgeons.

Je rencontrai a Pé-lin partout à cette époque, à travers champs, sur les montagnes, dans les chemins, des hommes affairés, en bottes étroites d'un vert foncé, posées à cru sur les jambes et d'où sortaient quelquefois des pieds nus : en passant près d'eux, je m'aperçus que ce que j'avais pris pour des jambières couleur bronze n'était que la teinte uniforme du thé. Je ne tardai pas à m'expliquer la cause de cette méprise ; dans la pagode même où le bonze m'avait logé, il y avait une petite récolte, et j'assistai au travail des *hommes de thé* dans la cour de la bonzerie. Ils font subir aux feuilles une préparation assez longue : ils les exposent d'abord au soleil pendant quelques heures ; puis ils les pétrissent en les piétinant dans une cuve basse en bambou tressé, après les avoir roulées, pour les friser, avec l'orteil d'un pied contre la cheville de l'autre. Cette opération de frisure et de pétrissage est renouvelée plusieurs jours de suite. Enfin ils font reposer les feuilles et les laissent complétement sécher.

C'est encore aux environs de Fou-tcheou que l'on m'a montré de grands champs de ce que l'on appelle la *fleur de thé;* cet arbuste, qui ressemble beaucoup à celui qui donne le thé, pousse au fond des ravins ou sur le versant des collines ; il lui faut de la chaleur, mais pas de soleil. La fleur, d'un parfum suave, est petite et blanche ; elle a quelque ressemblance avec le jasmin. On la met, en proportions faibles, dans certains thés.

Ne peut-on pas, à l'aide de cette fleur, faire du thé avec des feuilles de chêne ? Je suppose que les épiciers qui nous vendent du *thé Impérial* n'ignorent pas ce procédé.

Il y a pour le thé en Chine, comme pour le

vin en France, différents crus ; telle contrée, telle colline donnera une qualité plus ou moins amère, âpre ou parfumée.

C'est en coupant les thés de Fou-tcheou avec ceux des bons crus de Han-keou que l'on obtient le mélange le plus exquis.

Au commencement du *tea season*, les grands marchands européens qui achètent ce produit ne manquent pas de combiner les meilleurs thés des deux villes : ils en font une provision pour leur usage personnel, dont ils réservent une part pour en faire présent aux têtes couronnées et à quelques grands personnages. C'est ce que les Gilman appellent *Taï-ping mixture*, et les Jardine, *Pickwick mixture*. Si vous n'êtes ni empereur ni roi, vous goûterez difficilement de ce nectar : pour cela, il vous faudra devenir ami de la maison.

En quittant Han-keou, il faut irrémissiblement dire adieu à la civilisation : c'est le dernier poste avancé de l'Europe dans l'Asie profonde. Nous n'aurons plus désormais, pour nous transporter, de beaux et rapides steamers ; nous sommes obligés de nous pourvoir d'objets de toute sorte et de songer à mille préparatifs nécessaires. Nous allons pénétrer dans la vraie Chine, dans la partie vierge d'explorations, celle que les voyageurs, à part trois ou quatre peut-être, ne connaissent que par ouï-dire.

Ici, plus de ports ouverts, plus de communications avec le dehors; c'est le Céleste Empire tel qu'il était il y a mille ans, resté pur de tout contact étranger. Jusqu'à présent, nous avons parcouru la Chine violée par les nations d'Occident, la Chine commerciale, la Chine officielle, la Chine, pour ainsi parler, européenne, puisque les Européens y ont des villes dans ses villes : à partir de ce moment, nous entrons dans la Chine chinoise.

III

EN JONQUE

Un incendie sur le fleuve Bleu. — La sortie du port de Han-keou. — M. I. et sa canonnière. — Danger qu'il peut y avoir à ne pas lever le plan d'un bateau. — Vive le tapage ! — Kin-keou. — La poste chinoise. — Les flammes qui parlent.

Dans l'après-midi du 31 décembre 1874, nous nous embarquions à bord d'une jonque pour remonter le Yang-tze-kiang, par delà Han-keou. Nous ne parvînmes pas avant le soir à l'extrémité du grand port. A travers cette inextricable foule de barques chinoises, basses, hautes, ventrues, effilées, longues ou ramassées, à deux mâts ou à un seul, qui composent une cité flottante riche d'aspects, variée d'allures, puissante de vie et d'élan, on a peine à écarter le coudoiement des rames et à se frayer un passage en jouant des bambous armés de fer.

Quand tous ces bateaux, pressés, serrés, presque

collés l'un contre l'autre sur un espace de plus de dix milles, deviennent la proie d'une panique, si prompte à saisir les multitudes; quand le sinistre cri : « Au feu ! » retentit parmi ce peuple de bois, et que des flammèches, réverbérées par la rivière, courent furieuses d'une barque à l'autre, ce doit être un spectacle grandiose et terrible. Tel fut l'incendie qui en 1850 illumina le fleuve Bleu. L'ouragan, m'a raconté un Chinois, témoin oculaire, vint tordre les flammes et s'ajouter à la violence du fléau. . . . .

Sur cette vaste étendue liquide, couraient des milliers de barques en feu, emportées par le vent d'une rive à l'autre. Deux mille jonques furent dévorées ainsi, et près de vingt mille personnes périrent. . . . .

J'ai vu moi-même, à Fou-tcheou, brûler la moitié de la ville chinoise, du haut de la colline où s'élèvent les maisons des résidents étrangers, séparées du reste de la cité par le fleuve Min. Toutes ces cahutes de planches crépitaient ; le cirque de marais et de rizières au fond duquel s'élève Fou-tcheou n'était plus qu'une fournaise où, suivant le caprice des lueurs, les grandes montagnes qui l'entouraient faisaient paraître et disparaître à travers la nuit leurs fantômes rouges.

Le lendemain, plus de quinze mille familles se trouvaient sans abris; de leurs gîtes et de leurs mobiliers il ne restait plus rien. Les habitations consumées n'avaient même pas laissé de vestiges; le sol était calciné, le sable des rives vitrifié. Partout ruine et poussière.

Pour arrêter l'action de l'incendie, que font les Chinois? Rien ou presque rien; la populace se contente de crier : *Eh-ya! eh-ya!* Si la ville possède des sapeurs-pompiers, ils jettent sur les matières embrasées quelques seaux d'eau au moyen de pompes en bambou, instrument d'une naïveté primitive. C'est tout ce qu'ils tentent pour se rendre maîtres du feu : ils n'y réussissent presque jamais. Le malheureux dont la maison brûle ne la quitte que le plus tard possible; s'il parvient à sauver des flammes quelque chose, il lui faut se défendre contre les voleurs, qui, nombreux, profitent de la confusion générale pour exercer leur industrie. Des individus de mauvaise mine courent, armés de grands couteaux; ils vont et viennent en tout sens; ce sont les satellites du sous-préfet, braves gens qui, sous prétexte de rétablir l'ordre, maraudent judicieusement pour leur compte.

Nos bateliers dégagèrent enfin la barque, non sans avoir beaucoup crié, beaucoup maudit le vent et l'eau, les voisins, les encombrements, les bateaux chargés de poutres débordantes. Avant la nuit, les voiles étaient hissées, et nous sortions enfin du port de Han-keou.

Notre embarcation n'allait pas seule; le vice-roi du Hou-pe nous avait donné pour escorte une canonnière que commandait un grand mandarin militaire, un bouton rouge. Ce que les Chinois décorent pompeusement du nom de canonnière n'est qu'un bateau plat, de vingt pieds de long, bas sur l'eau, plus étroit que les jonques ordinaires, et n'ayant qu'un seul mât avec une grande voile carrée. Ces sortes de barques militaires sont très-rapides; elles servent à faire la police des fleuves et surtout à empêcher la contrebande; les douanes intérieures ou *li-kin* en sont toujours suffisamment fournies. La nôtre était montée par vingt marins en costume bleu, bordé de rouge; au dos de la casaque et sur la poitrine, un plastron blanc indiquait, en gros caractères peints à l'huile, les titres et qualités de leur noble chef. Il n'y avait à bord qu'une seule petite cabine de quatre pieds carrés, posée sur l'arrière du bateau, et qui servait de logement au mandarin capitaine.

Pour les matelots, chaque soir on dressait une tente sur le pont.

L'armement de ce vaisseau redoutable consiste en un mauvais canon rouillé établi à l'avant et en quatre grandes lances en forme de fourche menaçant le ciel; plantées des deux côtés de la cabine, elles ont l'air de garder le héros qui repose en cette espèce de cage.

Vers le soir, il condescendit à se manifester et nous fit porter par son valet une large pancarte rouge : c'est la carte de visite chinoise. Nous y apprîmes le nom du *ta-jen* (grand homme) : il s'appelait I; il demandait à venir présenter ses respects et à faire ses offres de service au *kin-*

tchaï (l'envoyé extraordinaire); premier secrétaire de la légation, et au secrétaire-interprète. Nous nous empressâmes de recevoir de notre mieux ce visiteur distingué. C'était un homme d'environ trente ans. Moins laid que beaucoup de Chinois, il avait l'œil d'un paisible fonctionnaire, peu enclin, par nature, aux batailles, la figure et le teint d'un fumeur d'opium.

Quand M. I nous aborda, il était en costume de cérémonie. Cet équipement, qui pour les mandarins de première classe est uniforme, se compose du chapeau à pompon rouge, surmonté d'un bouton de corail et orné d'une plume de paon; de la grande robe fond clair, que recouvre un long vêtement de satin noir fendu dans le bas par devant, et portant sur ses deux faces un dragon ou un oiseau fantastique brodé d'or dans un écusson de soie bleue, et surtout des bottes. Les bottes sont l'élément principal et indispensable du grand costume officiel. Fût-on couvert des plus riches habits, si l'on n'a pas pris soin de s'enfermer les pieds et les jambes dans ces fourreaux de satin noir, espèce de cothurnes, qui ressemblent assez à ceux des Grecs, on n'est qu'un paysan : le titre de bachelier, la dignité de haut fonctionnaire, les souliers le plus à la mode, rien ne sauve alors du ridicule. — Ayez des bottes de satin, ou tout le reste de votre accoutrement sera sans valeur.

Le commandant I voulut être gracieux, mais il ne réussit pas à être agréable : il puait l'opium, crachait partout et se mouchait dans ses doigts.

Les mandarins et les riches portent bien un mouchoir dans leur manche, mais ils n'emploient ce morceau de toile, plus noir que blanc, qu'à essuyer la sueur de leur visage. Il en est qui, plus civilisés, tirent de leur botte ou de dessous leur jarretière un carré de papier, s'en servent de mouchoir, puis le remettent en place, après l'avoir soigneusement plié. Quant aux poches, ils n'en veulent point à leurs habits : les vêtements des Européens les font rire en ce point surtout. « A quoi bon tous ces petits sacs? » disent-ils.

Notre aimable compagnon de route, avant de retourner à bord de sa barque de guerre, fit honneur à une petite collation que nous lui servîmes; il but passablement : c'était apparemment un esprit fort, car il ne paraissait pas croire, comme plusieurs Chinois, que le vin rouge fût le sang des enfants égorgés par les missionnaires.

Notre grand bateau mandarinal, poussé par une légère brise, n'avance que lentement : il lutte avec peine contre la violence du courant, qui à l'embouchure de la rivière Han devient très-rapide.

La monotonie du paysage nous oblige à tourner les yeux vers la maison flottante qui va nous servir de demeure pendant plusieurs mois.

Notre installation à bord est assez confortable; le logement, situé à l'arrière de la barque, consiste en deux petites cabines et une plus grande qui nous sert de salle à manger et de salon, plus deux autres pièces, l'une affectée à la cuisine, l'autre à l'usage de nos domestiques et du lettré. Nous avons nos chiens et nos fusils. Des trophées de nos armes décorent les murs, tendus d'un papier rouge que nous avons fait coller aux planches. Les meubles, chaises et tables, sont en bois noir de Canton; la cuisine est ornée à la française. Tel est le dedans du bateau. Je ne m'avisai pas d'en étudier immédiatement la configuration extérieure, car ces sortes de barques sont construites d'une manière particulière, et il s'en fallut de peu que cette négligence ne me coutât cher.

Le commandant de la canonnière, pour fêter notre départ et annoncer à la cité de Han-keou qu'un grand mandarin quittait son port, avait arboré ses pavillons bleus, rouges et jaunes; le canon fit entendre les trois coups réglementaires, le tambour battit aux champs, et à une lieue à la ronde le gong écorcha toutes les oreilles. Ignorant ce que signifiait ce vacarme, j'ouvre précipitamment la porte du salon, qui donnait sur l'avant du bateau; je m'imaginais être sur le pont, je m'avance, croyant n'avoir rien à craindre, et sans pouvoir me retenir à quoi que ce soit, je me sens glisser et je tombe dans le fleuve. Mon ami M. de Bovis, qui venait avec nous jusqu'à Kin-keou, rendez-vous des sportsmen du Han-keou, entendit mon cri d'appel et me vit disparaître sous l'eau. En sentant le froid de la rivière, je me crus perdu. J'avais souvent ouï dire que le plus habile nageur tombant dans le Yang-tze y laissait sa vie, et des exemples tout récents appuyaient cette assertion de preuves terribles : un jeune homme noyé à trois pas du rivage, une embarcation de quatre Européens disparue à côté d'un vapeur malgré des secours immédiats ; d'autres faits encore, ne me laissaient pas douter que je ne fusse fatalement condamné à périr.

Pourtant, sans perdre la tête, je revins en quelques secondes au-dessus de l'eau. Notre barque était déjà à plus de vingt mètres devant moi, et le courant me jetait sur la petite canonnière. J'envoyai les mains au hasard et j'eus le bonheur de saisir une petite ancre qu'elle portait à fleur d'eau sur l'avant, comme tous les bateaux chinois. Je tenais difficilement la tête hors de l'eau : le courant m'entraînait sous la canonnière. La proue carrée et un peu relevée se prêtait à ce mouvement, et je ne pouvais me faire entendre, le bruit de ce diable de gong couvrant ma voix.

Cependant mon compagnon de route et M. de Bovis avaient donné l'alarme : on finit par m'apercevoir. Cinq ou six minutes après on me repêchait et je sortais des flots du Yang-tze, complétement débarrassé d'un gros rhume de cerveau. Il paraît que pour guérir le coryza, il n'est rien de tel qu'un bon bain froid dans le fleuve Bleu au mois de décembre.

J'ai dit que les grandes jonques mandarinales faites pour aller au Se-tchuen affectent une forme spéciale : sur les deux côtés du pont, assez étroit, les flancs s'arrondissent, larges et consolidés par une grosse poutre bombée qui les protége d'un choc possible contre les rochers. C'est ce ventre proéminent du navire qui fut cause de mon accident. J'avais, dans l'ombre, mis le pied sur ce plan incliné, persuadé que je marchais sur les planches horizontales du pont.

Nous avions deux mâts et deux voiles, l'une grande, l'autre petite, carrées toutes deux. L'équipage était de trente hommes, plus un vieux pilote. Lorsqu'il n'y a pas de vent, les bateliers font force de rames, ou, si la berge le permet, nous remorquent à l'aide d'une grosse et longue corde faite de bambou, que l'on fixe à une poulie destinée à cet usage.

Nos pauvres oreilles civilisées peuvent se préparer pendant ce voyage à traverser de rudes épreuves. Tout à l'heure, en quittant le port, nous avons été assourdis par la chanson discordante des matelots hissant les voiles : à présent, c'est le rhythme monotone qui règle la cadence des avirons, chant peu harmonieux mais bruyant.

Le bruit est l'atmosphère propre à la vie chinoise. Dans une école, les élèves crient à tue-tête; si leur voix faiblit, s'ils paraissent fatigués, enroués ou paresseux, le maître à son tour entonne son morceau à pleine gorge, et voilà tous les écoliers forcés de hausser le ton.

Aucune affaire, commerciale ou contentieuse, ne se poursuit sans tapage. Le tapage inspire et facilite dans la tête d'un Chinois la solution des problèmes les plus compliqués.

Malheur à l'Européen qui entreprend un long voyage dans l'intérieur de la Chine! Qu'il soit en barque, à cheval ou en voiture, il n'échappera pas au tapage : dans les auberges, la nuit, près de sa chambre, pour semer son sommeil de rêves gracieux, des ânes qui braient, des muletiers (*kan-cheu-ti*) qui se disputent, l'hôtelier (*tchan-kouei-ti*) qui frappe sur un bambou et tire des coups de fusil pour éloigner les voleurs.

Sur les rivières, le « voyageur du grand Occident » n'est pas moins assourdi qu'à terre. Quand il arrive le soir à la station où les bateliers font passer la nuit à leur barque, il est condamné à entendre le *lao-pan* [1] frapper sur un tam-tam en faisant trois génuflexions et en brûlant de petits papiers aux génies des eaux. La prière à peine finie, les bruyants mariniers couvrent le pont de larges nattes et couchent là, fumant de l'opium ou ronflant. Vous croyez enfin dormir comme eux : mais d'autres bateaux surviennent, qui heurtent les premiers arrivés; tous veulent la meilleure place : d'où des cris, des injures, des batailles. Chacune des jonques qui partent à une heure ou deux du matin est jalouse, à son tour, d'implorer, au son du gong, avant de se mettre

[1] Propriétaire de la barque.

en route, les esprits bienfaisants du fleuve. Hélas! nous allons avoir à subir ces charivaris pendant de longs mois!

Il n'était que huit heures du soir, et déjà nos bateliers avaient jeté l'ancre : nous n'étions qu'à une lieue de Han-keou.

Nous insistâmes vainement pour passer outre : les jonques ne marchent plus après le soleil couché. Elles craignent les voleurs, le vent, le courant, les écueils. Au moins voulions-nous forcer le *lao-pan* à ne s'arrêter qu'à neuf ou dix heures : il ne voulut rien entendre. Nous avions beau nous montrer peu convaincus de l'impossibilité de la navigation, il nous répondait cet argument sans réplique : « C'est la coutume; et pour rien au monde je n'enfreindrai les usages de mon métier. »

Le lendemain 1er janvier, à midi, nous étions à Kin-keou.

Nos bateliers enfoncèrent dans le sable de la rive le pieu auquel fut amarrée la barque; nous avions à nos côtés deux ou trois (*house-boats*) bateaux indigènes aménagés avec un confort européen ; ils appartenaient à quelques gentlemen de Han-keou, venus ici en partie cynégétique.

Il n'y a là qu'un bouquet de quelques maisons au pied d'une éminence ; mais derrière sont des collines où l'on vient de Han-keou chasser la bécasse et parfois le faisan : il s'y trouve aussi quelques chevreuils. Les chasseurs s'installent pour deux ou trois jours dans une pagode, à deux lieues du fleuve : ce sont de gaies parties, où la chasse n'est que le prétexte, le pays n'étant pas extraordinairement giboyeux ; on vient là pour manger et pour beaucoup boire.

Si nous restons à Kin-keou tout le jour, c'est uniquement pour attendre nos lettres qu'on doit nous faire parvenir de Han-keou : car on attend dans cette ville la malle française par le steamer *Nan-kin*. Qui sait quand et de quelle façon nous pourrons désormais recevoir des nouvelles de nos familles, de nos amis, de notre chère France !

Pourtant les Chinois ont un système postal ; mais pour une lettre d'un simple particulier, c'est un mode peu sûr et surtout peu rapide.

Puisque ces lacunes nous obligent à nous

morfondre jusqu'au lendemain à Kin-keou, utilisons ce séjour forcé en jetant un coup d'œil sur l'organisation de la poste officielle en Chine.

Dans les provinces du nord, chaque sous-préfecture a cinquante ou soixante chevaux destinés au service des courriers; dans celles du sud, presque toutes sillonnées par de nombreux canaux, ce sont les barques qui portent les dépêches.

Un cavalier fait environ six lieues par jour. La mission de ce facteur est peu compliquée; il ne porte que les plis officiels. Si un particulier lui donne une lettre, elle doit être accompagnée d'un bon pourboire; encore ne faut-il pas exiger que le courrier aille lui-même la porter au destinataire.

Les porteurs de dépêches des *tche-shien* (sous-préfets) ne vont pas vite : il suffit qu'ils se rendent en vingt-quatre heures d'une sous-préfecture à une autre et soient de retour le lendemain. Ceux du gouvernement et des mandarins supérieurs sont au contraire toujours très-rapides. En temps ordinaire, le courrier doit faire par jour quatre cents *ly* [1], c'est-à-dire quarante lieues; si l'affaire est plus pressante, il va jusqu'à six cents. Quand ce sont des ordres de la cour, s'il s'agit d'une cause criminelle, d'une rébellion, d'une inondation subite, les chevaux ont au cou des grelots d'un son particulier, et les postillons portent une plume de coq attachée au-dessus de leur valise, qui est enveloppée dans un linge de couleur jaune.

Il n'est jamais besoin de demander combien les dépêches de ce genre font de chemin chaque jour : on n'a qu'à voir flotter la plume de coq, qu'à entendre tinter le bruit des grelots, pour savoir qu'il s'agit de quatre-vingts lieues.

Les barques-poste des provinces méridionales sont moins rapides; mais elles sont si légères, leur godille qui se meut avec le pied imprime un tel élan à l'embarcation, qu'elles parcourent aisément quatre cents *ly* par jour. Toutes les jonques de commerce, dès qu'elles aperçoivent leur petit drapeau triangulaire, s'empressent de leur ouvrir un libre passage.

Chose étonnante, les voleurs savent bien que

[1] Dix *ly* font en moyenne une lieue de France de vingt au degré.

ces cavaliers et ces barques portent souvent des valeurs assez considérables ; car les gros commerçants, n'osant pas affronter les dangers des grandes routes ni des canaux, confient leurs fonds aux postillons de l'État, et malgré cela, il il est rare, il est presque inouï que ces courriers officiels aient été arrêtés, fouillés et volés. Les impôts qui sont expédiés aux trésoriers généraux ont toujours les mêmes garanties de sécurité.

Quant au peuple, il n'a jamais eu une administration des postes à son usage. Quand on veut écrire à un ami, on doit lui envoyer un courrier à ses propres frais.

Les négociants et les mandarins, surtout les mandarins surnuméraires, étant généralement étrangers à la province qu'ils habitaient, avaient fondé une société appelée *Ty-tam-kouan*, pour expédier leurs lettres particulières. Aujourd'hui, ces Ty-tam-kouan sont remplacées par une association appelée *Tsaï-kiu* (Hôtel des courriers). Cette entreprise ne relève point de l'autorité. Moyennant des prix assez élevés, elle fait parvenir toutes les lettres à destination.

Autrefois le gouvernement de l'empire du Milieu avait, comme en Occident, des télégraphes aériens. On les appelait des *tuen-t'aï;* ils ont rendu d'importants services en maintes circonstances. C'étaient tout simplement de petites guérites de six pieds carrés plantées sur un quadrilatère en briques de vingt pieds de haut. Dans des fourneaux en forme de pain de sucre se trouvaient des gâteaux d'argol, auxquels le gardien mettait le feu dès que quelque trouble se manifestait dans les provinces méridionales. Ce signal se répétait rapidement de distance en distance; on eût dit d'une flamme voyageuse, volant de guérite en guérite, par étapes de deux kilomètres; elle faisait aisément cent lieues en un jour.

Malheureusement, dit-on, ce mode télégraphique, qui avait son mérite et son utilité, donnait souvent de fausses alarmes. Les soldats de cette époque, gardiens des *tuen-t'aï,* devaient être ce que sont les soldats chinois d'aujourd'hui, insouciants, dormeurs et joueurs. Il suffisait qu'un mauvais plaisant s'amusât à incendier les argols pour que Pé-kin fût en émoi.

Nous avons bien de la peine à croire qu'un mobile aussi puéril ait amené la suppression du système. Il est probable que ces petits observatoires furent renversés par les rebelles ou toute autre cause, et que l'administration, dans son incurie, ne songea pas à les relever. Quoi qu'il en soit, ce moyen de correspondre est actuellement abandonné; sur la grande route impériale qui conduit de Pé-kin à Nan-kin, on voit encore des grands talus ruinés; ce sont les débris des *tuen-t'aï.*

Enfin dans la soirée notre courrier de France arriva. Dès le lendemain matin, nous reprenions notre route vers le Se-tchuen. Nos amis de Han-keou nous firent leurs adieux et s'en retournèrent : ils s'en allaient vers les habitations européennes, tandis que notre jonque nous emportait dans les profondeurs de la Chine vierge, vers les vieilles villes insondées.

En nous quittant, ils nous disaient gaiement des choses funèbres. Pourtant les provinces lointaines, pensions-nous, ne nourrissent pas contre les étrangers une hostilité plus grande que les autres.

4

Notre cœur se serra à cette séparation d'avec les derniers Européens, mais leurs appréhensions nous firent sourire : bientôt, il est vrai, nous franchirons la limite des terres souvent parcourues et racontées; mais sous la sauvegarde de deux grandes nations, la France et la Chine, nous ne pourrions pénétrer qu'avec placidité et avec une confiance absolue même dans le plus sombre inconnu.

IV

DE KIN-KEOU A KIN-TCHEOU

Cultures chinoises. — Jusqu'où va se nicher en Chine le respect des institutions. — L'entrée du lac Tong-ting. — Chasse. — Les vers au cœur. — Le marché de Cha-cheuwan. — Les gendarmes payés par les voleurs et les volés. — Cha-cheu et Kin-tcheou-fou. — Poissons. — Histoire du général Leou. — Les radeaux-villages.

Sur les flots du grand fleuve Bleu, nous avançons à voiles pleines, sans donner de la rame, silencieusement soulevés par les souffles favorables du vent : le village blanc de Kin-keou s'enveloppe au loin dans un pli roussâtre qui s'enfonce derrière l'horizon; les éminences viennent mourir dans les terres sablonneuses, et les eaux dormantes de la rivière sur les bords plats.

D'un côté s'étendent des champs de blé et de cannes à sucre, coupés par des lisières de roseaux, tandis que nous voyons sur l'autre rive des laboureurs poussant la charrue et faisant de nouvelles semailles. Le soc est établi de façon à déverser la terre à gauche, de sorte qu'au bout du sillon, au lieu de tourner à droite, comme en Europe, les Chinois pivotent sur le pied gauche. Toutes les charrues n'affectent pas cette forme : il en est dont le soc est triangulaire et rejette la terre des deux côtés à la fois, ce qui fait que, dans quelques provinces, on voit les laboureurs tourner indifféremment à gauche ou à droite. En Europe, les céréales se sèment sur le sillon; en Chine, on répand le grain dans la raie; de là en apparence un inconvénient grave : le sillon étant au moins deux fois plus large que la raie, il s'ensuit que les deux tiers du champ restent vides. Nos cultivateurs s'en étonneraient au premier abord; mais connaissant la nature du sol, ils comprendraient vite la raison de ce procédé. Leurs terres d'Europe sont fortes et craignent la pluie; le sol, en Chine, est léger et à peine revêtu, ordinairement, de huit pouces de terre végétale. Puis dans plusieurs provinces, surtout et notamment dans le Chan-tong et le Tche-ly, les pluies sont rares; aussi tâche-t-on de déposer la semence là où elle est le moins exposée à se dessécher.

Partout, dans tout le cours du voyage, nous voyons les paysans s'exténuer à préparer la moisson. C'est quelquefois pour eux une pénible tâche que l'échenillage et le sarclage de chaque matin : ainsi, dans les rizières, ils ont toute la journée de l'eau sale jusqu'à mi-jambe. Grâce à ces labeurs, la même terre produit dans l'année deux récoltes de riz et une de blé. Les cultivateurs chinois usent beaucoup des assolements ; ils font rendre au même champ avant l'an révolu, et, comme il vient d'être dit, après plusieurs récoltes successives du même produit, des produits nouveaux : s'il est fatigué par les céréales, on lui donne aussitôt, pour le reposer, la mission de fournir des navets et des carottes. Nulle part on ne voit de terre en jachère.

Nos jardiniers ouvriraient de grands yeux en voyant leurs confrères de Chine veiller soigneusement à ce que les céleris et les salades ne blanchissent jamais, et ils se scandaliseraient de mille hérésies de ce genre.

A l'approche d'un jardin potager chinois, on fera bien de s'inonder d'eau de Cologne. Chaque jardinier, sur le talus du chemin qui le borde, enfonce dans le sol, à fleur de terre, une ou plusieurs énormes jarres, qu'il a emplies sans façon du contenu de sa fosse d'aisances; elles restent toujours béantes, de sorte qu'il arrive fréquemment qu'un enfant, un chien ou même un homme, passant sur la route sans les voir, y tombe et s'y noie. Jamais un propriétaire n'a consenti à fermer de couvercles ces récipients. Je me rappelle qu'à Fou-tcheou, sur la demande des consuls européens, les autorités chinoises ayant édicté une ordonnance qui enjoignait de couvrir ces jarres infectes, la population fit presque une émeute et s'y refusa. Peuple étonnant, capable de pousser jusqu'à de telles matières et de montrer sous une forme aussi inattendue le respect des institutions et l'amour de ses habitudes!

Aux cultures devenues plus rares succèdent peu à peu des terres basses, couvertes de grands roseaux. Ils sont plus élevés qu'en Europe, et servent aux Chinois pour le chauffage, pour faire des toitures aux maisons pauvres, et même pour dresser des huttes dans les îles que nous commençons à rencontrer. Nous sommes à deux jours, déjà, de Kin-keou, devant l'embouchure du Kin-ho, entrée du grand lac Tong-ting. Si les eaux du Yang-tze étaient hautes comme elles le sont en été, nous pourrions, pour aller à I-tchang-fou, traverser le lac et déboucher sur le fleuve à Kin-tcheou, par le canal de Taï-pin : c'est une voie plus courte que celle que nous suivons. Le vent est devenu contraire; de la rive, nos bateliers tirent le bateau avec des cordes et ont de la peine à le faire marcher. Nous descendons avec nos chiens; autour de nous, des vanneaux huppés, des pluviers dorés, des chevaliers aux pieds rouges s'envolent, et nous profitons du halage pour faire une tournée de chasse sur les bords.

Bien qu'à l'époque des grandes eaux, la rivière couvre tous ces terrains, les roseaux y cachent force faisans et des chevreuils en assez grand nombre.

A un coude du fleuve, nous traversons une grande île, pleine de *ki-tze* (petits chevreuils sans cornes et ayant des défenses comme un sanglier).

En une heure nous en tuons jusqu'à six. De tous côtés partent des sarcelles, des aigrettes, dont le vol immaculé effleure les ailes noires des corbeaux de Chine au collier blanc; des lièvres détalent, et des quantités de canards mandarins, au bec de corail, s'enfuient en criant. Nous en abattons quelques-uns : la tête est blanche et noire; le couvre-nuque, de plumes cramoisies, tranche sur la teinte bronze des ailes et sur la couleur chamois des ailerons retroussés.

C'est ici le vrai paradis des chasseurs, et cette île bénie ne le cède point à la fameuse *Dears Island,* que l'on voit auprès de Tchin-kiang. Les indigènes chassent très-peu : nous en rencontrons cependant. Ils se servent du fusil chinois à mèche, arme très-primitive, étrange de forme, mais portant très-bien ; j'ai vu un de ces mauvais fusils tuer un lièvre à plus de cent mètres.

Les seigneurs du Nord emportent avec eux, dans leurs chasses, des faucons et des lévriers ; mais les races de nos chiens d'Europe ne sont pas connues des Chinois : aussi font-ils grand'-peur aux paysans.

Ceux que nous avions sur notre jonque furent souvent fort utiles : dès que nous avions autour de notre barque trop de curieux, nous prononcions cette parole magique : « Le chien de l'Occident mord », et en un clin d'œil il ne restait plus personne.

Je ris encore de la panique que causa un jour dans la montagne mon fidèle Dick : à la vue de l'animal marron tacheté de blanc, tout un village prit la fuite. « *Lao-k'ou!* Un tigre, un tigre! » clamaient-ils. « Eh! ce n'est qu'un chien! » disais-je. J'eus bien de la peine à les convaincre.

Nos pauvres bêtes ne s'acclimatent pas aisément sous ce ciel hostile. Elles sont sujettes à des affections bizarres et spéciales. On a dit avant nous qu'à Chang-haï, une certaine herbe, en leur entrant dans les oreilles, occasionnait des chancres et quelquefois la mort. Il y a une maladie plus singulière, qui est celle dite des *vers au cœur :* on croit qu'elle est produite par les eaux. Le cœur du chien est envahi par des milliers de petits vers; l'animal atteint dépérit à vue d'œil, puis meurt subitement. On observe parfois dans leur état de très-curieux phénomènes. Il arrive que brusquement et pendant plusieurs minutes, un chien se met à tournoyer autour d'une table ou d'une chaise. En chassant dans une île du fleuve Min, aux environs de Fou-tcheou, avec une chienne Saint-Germain, je la vis tout à coup, sans cause apparente, tourner sur elle-même, puis tomber dans une espèce de convulsion épileptique qui dura bien deux ou trois minutes. Après quoi ma chienne s'enfuit, refusant d'obéir à ma voix, ne me reconnaissant plus et aboyant contre moi comme si j'eusse été un étranger. Un moment elle se montra effrayée de me voir, au point de se jeter à l'eau et de se sauver à la nage pendant plus de dix minutes; enfin, fatiguée, elle revint, toutefois sans vouloir me reconnaître encore. Après une demi-heure de cette comédie, elle continua à chasser comme devant. Il est probable que ma chienne avait des vers au cœur.

Cette maladie souvent foudroyante, qui est particulière aux provinces du midi de la Chine, a été étudiée par quelques médecins distingués. A

Fou-tcheou, le docteur Somerville en a fait l'objet de plusieurs rapports médicaux, et le docteur Manson, à Amoy, s'en est occupé plus particulièrement encore.

Le mauvais temps nous a forcés de rentrer. Une grêle épouvantable, de la neige, des vagues écumeuses comme en mer, empêchent notre barque d'avancer. Le vent est debout, le courant impétueux; le bateau penche, les voiles crépitent, et le gréement crie. Nos bateliers, aveuglés par les grêlons, errent dans l'épais brouillard qui cache le fleuve. Ils craignent d'être poussés sur des bancs de sable et évitent avec prudence les îles. Nous faisons péniblement trois ou quatre lieues en trois jours. Souvent nous sommes emportés en arrière; alors la barque est contrainte de s'arrêter et d'attendre.

Dans les rares moments de répit, elle se remet en marche; mais ces éclaircies ne durent guère que deux ou trois heures par jour.

C'est au milieu de ces difficultés que nous parvenons à *Chia-cheu-wan*, gros bourg étalé sur la rive gauche.

Il consiste seulement en deux longues rangées de maisons, que sépare une rue étroite; elles sont bâties en contre-haut de la rivière, sur le bord même très-élevé en cet endroit. Chia-cheu-wan est le marché où viennent s'approvisionner tous les villages et bourgades environnants. Maigres ressources! on ne leur vend que du riz rouge de quatrième qualité, des poissons salés et, une ou deux fois l'an, de la chair de porc.

Nos mariniers s'y fournirent de vivres, c'est-à-dire de riz et de poisson; fort heureusement il nous restait des conserves, et nous n'avions encore besoin de rien. Ce n'est pas ici que des Européens pourraient emplir leur garde-manger.

Le vent est un peu tombé : à travers les continuels méandres qui allongent indéfiniment le voyage, il nous est loisible de marcher enfin.

Nous apercevons maintenant à gauche les montagnes de Tong-chan, les premières depuis Kin-keou; mais elles s'effacent bientôt, et pendant de longs jours rien ne vient rompre l'uniformité du paysage; nous poursuivons notre route monotone vers le nord, presque en ligne droite.

Le dixième soir après notre départ de Chia-cheu-wan, nous allons pouvoir coucher à Ho-chie, petite ville qui se penche sur ses pilotis pour nous voir, et semble s'avancer dans l'eau, au-devant de nous : elle nous rappelle assez les faubourgs de Han-keou.

Quand la fonte des neiges du Thibet grossit le fleuve, les habitants enlèvent de là leurs maisons de planches et les emportent dans un lieu plus sûr.

De loin, nous entendons des cris, nous apercevons un mouvement extraordinaire ; la station est tout en émoi.

Notre jonque prend sa place au milieu des autres, et nous apprenons des matelots, en descendant à terre, qu'une barque a été pillée par les voleurs, il y a quelques heures : c'est une bande d'une dizaine d'individus armés de couteaux ; ils reviendront, nous dit-on, certainement dans la nuit. Et l'on nous engage à faire bonne garde. Nous montrons aux bateliers épeurés nos fusils et nos revolvers, et nous les rassurons en souriant.

« Vous n'avez donc pas de gendarmes? demandai-je.

— Oh! il y a les *ma-kouaï*.

— Les *ma-kouaï*? Ce sont des cavaliers?

— Oh! non; il leur est même interdit d'aller autrement qu'à pied. Mais ils ne viendront que demain arranger l'affaire.

— Peste! pensai-je, la langue chinoise aime les figures; mais celle-ci est un peu trop forte, le nom de ces gendarmes signifiant « cheval qui court avec la rapidité de la flèche ».

Et j'ajoutai :

« Ce sera un peu tard.

— Mais le brigadier des *ma-kouaï* connaît à fond toutes les criques des deux rives pour y avoir piraté autrefois : il fera rendre.

— Comment! m'écriai-je abasourdi, cette brigade a pour chef un brigand?

— Et un fameux!

— Eh quoi! vos gendarmes sont des voleurs?

— D'anciens. Comment déjoueraient-ils les ruses des autres? Ne savez-vous pas que pour mériter son galon, tout brigadier doit prouver au sous-préfet qu'il a pratiqué les tours des plus adroits? »

Je fus surpris d'apprendre que les membres de cette corporation étaient choisis parmi les hommes les plus tarés : le moindre gendarme ne pouvait être accepté dans l'une des douze brigades de la sous-préfecture que s'il avait été au moins maraudeur. Il paraît que l'autorité chinoise envoie souvent, de guerre lasse, prier les Mandrin et les Cartouche du cru de venir diriger ces honorables compagnies : des délégués officieux négocient l'affaire, et le brigand, moyennant certaines garanties matérielles avantageuses, consent à quitter la rivière ou la montagne et à endosser la casaque rouge du *ma-kouaï*.

C'est là l'histoire de tous les brigadiers ou chefs subalternes. Leur zèle se laisse facilement désarmer par les offres engageantes des délinquants : il suffit de leur présenter d'assez fortes sommes.

Toutefois, sous la menace de la cangue ou de la bastonnade, ou si le mandarin leur fait entrevoir le danger de la destitution, les *ma-kouaï* trouvent toujours des voleurs et les amènent.

« Tout cela est très-bien, dis-je à mon interlocuteur, à la langue, certes, bien amarrée pour un batelier; mais c'est peu rassurant. Vos *makouaï* me paraissent bien lents à poursuivre leurs amis de la veille, et puis il doit leur rester toujours quelque chose du premier métier; c'est un instinct difficile à perdre. »

Il me répondit avec bonne humeur :

« Leur mot d'ordre est : Nous *volons* plus rapides que les coursiers. »

C'était décidément un garçon d'esprit.

« Et vous n'avez pas d'autre force armée? N'y a-t-il pas des soldats près d'ici? »

Il fit un signe affirmatif.

« Alors?

— Ils sont soldats le jour et voleurs la nuit.

— Diable! »

Un grand brouhaha nous interrompit. Je suivis la foule. Au centre d'un cercle de torches formées de cordes de bambou tressé, hors d'usage, qui avaient servi à retenir les barques, un vieillard essayait gravement de démontrer aux parties lésées l'inutilité de toute poursuite. J'appris, en m'approchant, que sans appartenir précisément à la police il avait le caractère officieux de conciliateur, et que les choses se passaient invariablement ainsi dans ces circonstances.

On fit enfin un silence relatif, et le vieillard posa la question :

« Voulez-vous plaider? »

Le tumulte recommença de plus belle; les réponses inintelligibles des plaignants n'arrivèrent pas jusqu'à nous. Ils parlaient tous à la fois, et avec eux la foule entière.

Le vieillard, imperturbable, reprit :

« Non, n'est-ce pas? Alors combien d'argent voulez-vous donner à ceux qui possèdent votre bourse, vos habits, votre riz, vos rames, vos cordages et vos voiles? »

Un vacarme assourdissant me contraignit à me boucher les oreilles. Ils hurlaient, ils piétinaient; on eût dit qu'ils imitaient les cris de tous les animaux de la Chine.

« Consentez-vous à payer la moitié de leur valeur? »

La réponse se fit attendre.

« Il faut délibérer, dit le vieillard. Allons au *kong-souo.* »

Et, toujours criant, la foule se dirigea vers la *maison commerciale.* Nous y entrâmes derrière les intéressés, curieux d'assister à la discussion.

Certes, il n'est rien de si odieux que d'avoir été volé et d'être forcé de consentir à racheter son bien des mains du voleur : la réunion fut très-animée.

Il y eut même des avocats qui réclamèrent la lutte judiciaire à outrance. On but du thé, on servit du vin chaud, on fuma des pipes. Seulement, quand il s'agit de conclure, les visages se rembrunirent, tout le monde baissa la tête, et pas un des bateliers dépouillés ne consentit à se prononcer le premier. A la fin ils se regardèrent, et tous ensemble prirent parti, parlant à la fois.

« Plaider était absurde : ils payeraient les frais du procès, et ce serait tout! Quand même les voleurs seraient tous arrêtés jusqu'au dernier, verraient-ils pour cela le bout d'un aviron? entendraient-ils le son d'une sapèque? Leur argent, comme les agrès de leur barque, serait à jamais perdu. Il valait encore mieux s'arranger! »

Le lendemain, les *ma-kouaï*, qui ne se montrent jamais dans une telle affaire qu'après les conclusions arrêtées, rapportèrent tout ce qui avait été pris, mais non avant d'avoir reçu des volés, pour en verser le montant aux voleurs, déduction faite de leurs propres honoraires, la moitié de l'estimation totale.

N'est-il pas juste, en effet, que ces bons *ma-kouaï*, moitié bandits et moitié gendarmes, intermédiaires entre les flibustiers et les habitants, touchent à la fois des uns et des autres le prix de leurs efforts à les concilier?

Plus tard, les missionnaires français nous ont souvent parlé de ces agents, non pas avec éloge, mais avec la conviction que sans eux leur argent et leur mobilier courraient de grands risques.

Comme on le voit, les *ma-kouaï* ne sont pas tout à fait inutiles : les magistrats se déchargent volontiers sur eux des vols qui n'ont pas été faits à main armée ni avec effusion de sang; ils sont heureux de ce concours, grâce auquel les affaires s'arrangent à l'amiable, en dehors de la voie officielle et juridique. Dans telle sous-préfecture, il m'a été donné d'observer, depuis ce voyage, que sur deux cents vols commis, un seul fut poursuivi devant le tribunal; les *ma-kouaï*, par voie de conciliation, avaient arrangé les cent quatre-vingt-dix-neuf autres. Et le mandarin ne manqua pas de recevoir de ses supérieurs les félicitations les plus encourageantes au sujet du maintien de la paix et du bon ordre dans son district.

Après Ho-chie, le fleuve devient immense : il est certainement plus large ici qu'à Tchin-kiang, c'est-à-dire qu'à une journée de vapeur de son embouchure. Le vent nous favorise : nous approchons rapidement de Cha-cheu. Les rives sont très-cultivées, très-habitées.

Cha-cheu présente sur la rive gauche de la rivière, si belle en cet endroit, ses maisons sales et noires. C'est une ville commerçante et bruyante, où bourdonne toujours, comme dans une ruche, un peuple affairé. Elle dépend de Kin-tcheou-fou, qui se montre deux lieues plus loin dans les terres. Nous resterons deux jours à Cha-cheu.

Quand on voyage dans l'intérieur de la Chine, il faut toujours, autant que possible, éviter les centres populeux; si nous mouillions devant la ville, notre barque demeurerait trop exposée à la curiosité publique : aussi la faisons-nous monter une lieue au-dessus de Cha-cheu : nous avons alors devant nous les murs de Kin-tcheou-fou. C'est ici que nous changeons de bateliers : de là notre arrêt de quarante-huit heures, pendant lesquelles nous ne sortons guère de la barque que pour chasser. Ceux qui nous avaient menés depuis Han-keou se chargeaient de la navigation dans les terres basses : nous allons prendre maintenant des bateliers de montagnes et de rapides. C'est le grand relais entre Han-keou et Tchong-kin.

Tout le pays est gercé de criques; des canaux d'irrigation couturent les champs, divisent les terrains; partout des travailleurs fatiguent le sol. On trouve peu d'arbres : de rares ormes près des maisons, quelques mûriers dans la campagne, et de temps en temps des *tsin-kouo-chou,* sorte d'oliviers chinois, très-beaux et très-grands; le fruit ne rend pas d'huile, mais on le sale, et il sert à faire des gâteaux dont les indigènes sont très-friands.

On ne voit pas un quartier de terre qui ne soit retourné : tout a été utilisé, sauf un petit marais d'environ cinquante mètres de large sur deux cents de long, vers lequel nous nous dirigeons avec nos fusils.

Nous tuâmes là quelques sarcelles et plusieurs belles bécassines, gibier fort abondant en Chine, aussi bien dans le nord que dans le midi. Puis nous allâmes pêcher dans la rivière. Notre cuisinier, rentrant de sa tournée des vivres, venait de nous apporter d'excellents goujons qu'on eût dit cueillis à Asnières ou à Bougival. Nous fûmes très-étonnés, ayant toujours cru et entendu dire que ces poissons étaient absolument étrangers au Céleste Empire. Immédiatement nous voulûmes en prendre à la ligne une friture. Nous ne désespérions plus de pêcher même des truites!

Les Chinois s'adonnent beaucoup à la pisciculture; dans tous les villages ils ont de petits étangs qu'ils appellent *k'an*, où ils élèvent des poissons, surtout des carpes. Du reste, il y a des poissons partout. Me trouvant à Ho-kien-fou, au centre de la province de Tche-ly, j'en vis plusieurs dans l'ornière d'un chemin, convertie en fossé quelques jours auparavant par un orage. On en prend beaucoup dans les terrains bas, quand l'eau des pluies séjourne cinq à six semaines.

Les Chinois expliquent ainsi ce phénomène :

« Dans le nord, disent-ils, il y a eu, à plusieurs reprises, des invasions de sauterelles; ce sont leurs œufs qui se changent dans l'eau en poissons, comme les œufs des poissons se changent en sauterelles quand vient l'époque de la sécheresse. »

Dans la matinée du second jour, nous reçûmes à bord deux visites. Mgr Philippi, évêque franciscain, résidant à Kin-tcheou, vint déjeuner avec nous; nous dûmes lui parler italien, latin et chinois, pour qu'il nous comprît. Puis le général Ho ta-jen (*Ho*, grand homme) se fit annoncer.

Il venait nous enlever notre mandarin, M. I., et remplacer notre canonnière par une autre, commandée par M. Tcheu. Tels étaient les ordres du vice-roi de Hou-pe.

Avant de nous quitter, M. I. nous offrit un canard sec : cela avait l'air d'une chauve-souris de grande taille. Nous comprîmes aisément le but de cette générosité. Il est d'usage de laisser au mandarin militaire qui vous a escorté un cadeau en espèces sonnantes.

Bien que les officiers chinois reçoivent un traitement régulier, ils comptent généralement sur des moyens de ce genre pour faire figure.

Il est vrai qu'ils n'ont pas autant de frais que les fonctionnaires civils : leurs supérieurs ne se montrent pas exigeants et se contentent, pour le nouvel an, pour l'anniversaire de leur fête, de présents plus modestes. Mais ils n'en sont pas moins très-peu payés. Leur solde a été considérablement diminuée depuis la grande insurrection, qui commença vers 1850 et ne fut étouffée que dix ans plus tard. Un général de division ne touche aujourd'hui que la modique somme de six cents taëls par an, c'est-à-dire cinq mille francs à peine.

Le gouvernement ne se dissimule pas l'insuffisance de ces appointements; mais il n'ignore pas non plus que les officiers, grands et petits, trouveront bien à y suppléer.

En temps de guerre, toutes les prises d'habits, de chevaux, de matériel même, sont le profit des chefs. Ils ont, de plus, le talent de rançonner adroitement et poliment les villages dont ils n'ont rien à craindre. Le commandant d'un corps de deux mille hommes a ordinairement le droit de conférer aux soldats signalés pour leur bonne conduite les globules de neuvième, de huitième et de septième ordre : il est rare que cette récompense soit gratuite. On vend aussi très-bien aux civils, marchands, laboureurs ou autres, ces boutons, dont le nombre n'est pas fixé. Les fourrages, les montures, sont l'occasion de bonnes recettes : car on traite pour l'excédant des foins et des grains, et l'on écoule les chevaux, pour en demander de plus vigoureux, les animaux vendus passant pour être morts de vieillesse ou de fatigue au service de l'État.

En temps de paix, les moyens d'existence

sont plus restreints. Il est pourtant une source de gros bénéfices où l'on peut puiser toujours : sur les rôles, les corps de troupes ont leurs cadres au complet, et les chefs reçoivent exactement la paye des hommes; mais en réalité, quand un régiment est porté pour contenir deux mille soldats, tout le monde sait que l'effectif est tout au plus de douze à quinze cents.

Tout cela est peu honorable, dira-t-on; mais à qui la responsabilité en incombe-t-elle? Si les gouvernants n'affamaient pas leurs officiers, ceux-ci ne descendraient pas, par nécessité, à des moyens pareils et quelquefois pires.

J'ai connu un général chinois, appelé Leou, de qui le haut fait d'armes, dans une campagne contre des brigands, est un exemple des plus instructifs pour le sujet qui nous occupe. Son histoire est assez curieuse. Fils d'un père inconnu et d'une mère qu'il n'avait guère vue plus que son père, il avait été enrôlé dès l'âge de neuf ans dans les rangs de l'armée rebelle qui en 1854 s'empara de plusieurs provinces de la Chine. Lors de la prise si déloyale de Nan-kin par les impériaux, qui, après avoir promis la vie sauve aux assiégés, leur tranchèrent la tête, un général, frappé de la physionomie intelligente de cet enfant, le prit et l'adopta pour son « fils sec » (*kan-eull-tze*). Le jeune homme grandit dans le camp de l'armée impériale. A vingt ans, il gagnait un bouton de quatrième ordre; à trente-deux, lorsque je le vis pour la première fois, il portait le bouton rouge égal à celui de *tao-taï* (inspecteur des préfets). Derrière le bouton était attachée cette plume de paon qui fait l'ambition et la gloire des dignitaires du Céleste Empire.

Au mois d'août 1874, Leou, devenu général, recevait l'ordre de quitter Pao-ting-fou, la métropole de la province du Tche-ly, pour se porter, avec huit cents cavaliers, à la rencontre d'une bande de brigands. La campagne était couverte de sorghos, dont les tiges, pressées comme une forêt, atteignaient alors une hauteur de plus de trois mètres.

Les chemins du pays sont étroits : la grande route impériale elle-même est tellement perdue au milieu des sorghos, dont la masse épaisse fait la joie des laboureurs et la sécurité des voleurs, qu'il arrive parfois que les impériaux se trouvent brusquement en face d'un corps de cavalerie ennemi sans s'être doutés de cette approche. C'est ce qui advint au général Leou.

Les brigands, moins nombreux que les impériaux, étaient bien montés. Les deux porte-drapeau, l'un jaune et l'autre rouge, marchaient à la tête de leurs colonnes respectives. Ils s'arrêtèrent : un silence profond se fit des deux côtés. Deux parlementaires se détachèrent des deux rangs, et il fut convenu qu'il n'y avait rien à gagner, ni pour l'empereur ni pour les rebelles, à en venir aux mains. Les voleurs étaient chargés d'étoffes et de soieries précieuses qu'ils avaient prises chez les riches de trois sous-préfectures.

Ce butin était bien capable d'exciter la convoitise des soldats. Ils en réclamèrent une part, qui leur fut gracieusement accordée. — Ces braves firent volte-face, tandis que l'ennemi faisait de même pour ne pas compromettre le général Leou, qui s'était montré si conciliant.

Leou revint donc à la sous-préfecture, qu'il

n'avait quittée que peu d'heures auparavant. Les dépouilles qu'il rapportait, la sueur des chevaux, l'extrême fatigue des hommes, la joie du chef, ne laissaient de doute à personne sur la réalité de la lutte. Évidemment ils avaient eu là une chaude affaire : ils venaient de se battre en héros. On les complimenta. S'il était d'usage, en Chine, de jeter des couronnes au vainqueur, on en eût accablé l'intrépide Leou.

Peu de temps après, la vérité transpira. Leou fut destitué ; mais comme il sut se gagner la faveur des juges, on lui trouva des circonstances atténuantes ; tout en perdant la place, il ne reçut pas la corde impériale, qui, en pareil cas, tarde peu et fait aux coupables l'honneur de les pendre pour la patrie.

Quelques mois plus tard, Leou retrouvait pour de l'argent son bouton, sa plume et son grade.

Tout ce que nous avons dit des mandarins militaires explique assez pourquoi leur profession est infiniment au-dessous de celle de mandarin civil. Le gouvernement surveille beaucoup plus les hommes de guerre que les hommes de loi. La moindre concussion, dès qu'elle est connue, amène la dégradation de son auteur.

On fait de fréquentes enquêtes sur la fortune des officiers. Se sont-ils enrichis, ont-ils acheté des terres, font-ils bâtir de jolies maisons, sont-ils convaincus d'avoir placé des sommes importantes chez les banquiers ou dans les grandes maisons de commerce? l'Empereur ordonne la confiscation entière et expédie la célèbre corde de soie.

Parmi les mandarins civils, il arrive de rencontrer des hommes intelligents, ayant des connaissances sérieuses; les officiers de l'armée, au contraire, sont presque toujours dénués d'instruction, ne sachant pas lire un seul caractère, n'ayant souvent aucune notion de la science militaire, sans dévouement aux intérêts de l'État, sans patriotisme. La corruption de ces chefs est proverbiale, et c'est un dicton chinois qui l'affirme : « D'un honnête homme on ne fait pas un soldat; de bon fer on ne fait pas des clous[1]. »

1 *H'ao jen pou tan ping.*
H'ao tiai pou ta ting.

Le général Hô, qui nous visitait, fut loin, comme on pense, de nous renseigner sur ces matières, et nous nous gardâmes bien de lui communiquer nos réflexions. Il nous dit pourtant une chose qui ne nous parut point sans intérêt. Il y avait à Kin-tcheou un Français qui de tambour de la ligne était devenu général chinois. Il s'appelait Pi ta-jen et ci-devant Pinel; il avait adopté les mœurs indigènes, s'était marié dans le pays, et méprisait parfaitement ses anciens compatriotes, qu'il ne voulait même pas voir : depuis longtemps déjà, les autorités françaises avaient cessé de le protéger. Nous regrettâmes fort de n'avoir pas été jugés dignes de la visite du grand homme Pi.

Nous nous remettons enfin en route, suivis de notre nouvelle canonnière. Deux immenses radeaux descendant le fleuve faillirent d'abord nous écraser. Notre barque, serrée entre eux, se dégagea difficilement. Ils flottaient côte à côte et présentaient ensemble un aspect des plus pittoresques. Qu'on se figure une manière de village coupé en deux par la rivière et composé pour le tout d'une demi-douzaine de maisons de planches, entourées de jardins potagers. Ces radeaux viennent de très-loin et suivent tout le cours du Yang-tze, portant toujours chacun deux ou trois huttes.

Nous approchons de I-tchang-fou; demain, 4 février, nous parviendrons à cette grande ville. Il y a déjà un mois et quatre jours que nous naviguons depuis Han-keou, et nous n'avons guère fait plus de trois cents lieues.

Nous en avons fini avec les terrains plats. Les collines commencent. Elles sont très-peuplées et généralement couvertes de grandes herbes sèches, qu'on coupe au ras du sol pour le chauffage, et qui laissent à la terre une teinture de sépia brûlée.

Il n'y a presque plus d'arbres; les montagnes tristes et nues vont se succéder lamentablement. La partie facile du voyage est terminée; nous abordons la plus malaisée.

V

I-TCHANG-FOU ET LA FIN DU HOU-PE

I-tchang-fou. — Entrée des gorges. — Le jour de l'an sur la jonque. — Effroi que peuvent causer un Européen et son chien arrivant ensemble chez des montagnards. — Passage du premier rapide. — Un animal d'ordre composite. — Ce que coûte une coupe de cheveux en temps de deuil impérial. — Une oraison funèbre. — Fin du Hou-pe.

En face de montagnes à pic qui affectent la forme de pains de sucre, les unes grises, les autres rougeâtres, semées de rares sapins; vis-à-vis de champs en amphithéâtre, les maisons pressées de I-tchang-fou semblent se bousculer sur la rive gauche de la rivière; on dirait qu'elles se retiennent pour n'y pas tomber, s'approchant du bord tant qu'elles peuvent, afin de voir venir de plus loin et de recevoir plus vite les produits dont leurs habitants sont avides. Quelques-unes ont des airs de grands seigneurs se prélassant dans la foule, et regardent de haut, dominant les autres.

Ce sont les pagodes, les *ya-men*, et les palais des riches.

I-tchang-fou est une ville de premier ordre, dans la province de Hou-pe. C'est un vaste port [1], très-commerçant, où affluent, des riches provinces de l'ouest, les barques chargées de thé, de cuivre, de sucre et de cire blanche. Les bateaux à vapeur d'un gros tonnage pourraient monter jusque-là, et il y est venu des navires de guerre européens.

Nous voyons encore dans la campagne d'I-tchang-fou beaucoup de monde, de grandes cultures, force jardins potagers remplis de navets et d'oignons, qu'entourent de petites palissades, et des plantations de bambous.

En abordant le quai de la ville, tous les bateliers étaient descendus boire du thé. Ils revinrent en nombre double. Ce renfort est nécessité par les obstacles que la navigation nous présentera jusqu'à Tchong-kin-fou. Notre barque démarre, nous quittons le port d'I-tchang.

[1] Ouvert aux Européens depuis ce voyage par la convention de Tche-fou (1877).

A peine sommes-nous en route que nous apercevons devant nous de hautes montagnes ; le fleuve, brusquement, fait un coude, et semble finir. C'est l'entrée des gorges. A voir cette gueule sombre où notre jonque va s'engloutir, et qui semble nous attendre, emplie de silence et de formidable quiétude, nous éprouvons malgré nous un certain frisson.

Les gorges se rapprochent, et deux heures après nous y entrons. Des montagnes à pic se dressent des deux côtés : l'eau, au milieu d'elles, est tranquille, le courant faible ; le fleuve, peu large, doit être ici très-profond. Pas un bruit étranger ; la nature se tait et nous écoute passer. Le chant des bateliers poussant les rames résonne dans les montagnes. Les rochers ne sont plus pelés et rouges, mais grisâtres et couronnés de verdure.

Nous avions passé la nuit dans cet étrange endroit. Vers le matin, un bruit infernal nous réveilla en sursaut : des pétards éclataient, les hommes criaient, le gong glapissait. Nous étions le 6 février, premier jour de l'an chinois.

C'est une époque de réjouissances nationales et la plus grande des fêtes. Ce jour-là, personne ne travaille, et nos matelots ne toucheront pas une corde, pas une rame : nous serons forcés de rester quarante-huit heures dans ces grandes montagnes.

Dans les villes, toutes les boutiques sont fermées pour trois ou quatre jours : il faut se munir de provisions à l'avance. Les pauvres mêmes sont en fête, et, dussent-ils faire maigre toute l'année, ce jour-là, ils mangent de la viande et festinent. Les tribunaux chôment; on enferme les sceaux; les personnages officiels prennent un congé d'un mois au moins. Avant le jour de l'an, on paye ses dettes : les créanciers seraient mal venus à réclamer leur argent pendant les fêtes. Les fils vont faire à tous leurs parents les salutations d'usage; les domestiques à leurs maîtres, les petits mandarins aux grands.

Nous eûmes la visite du commandant de la nouvelle canonnière, M. Tcheu; notre *lao-pan* (propriétaire de la barque) et le lettré vinrent ensuite nous rendre leurs devoirs; tout l'équipage, endimanché, vint nous faire le *pei-niene*, c'est-à-dire, nous souhaiter la bonne année, et nous reçûmes d'eux le *ko-tau* qui consiste en trois saluts successifs.

Notre bateau n'avançant pas, je vais faire une excursion dans les montagnes ; j'ai hâte de m'élever dans un air plus vif et de parcourir un pays sauvage. Je saute avec mon fusil sur la rive gauche, suivi de mon chien et de deux soldats de la canonnière.

Après avoir gravi péniblement, pendant deux ou trois heures, une montagne très-escarpée, une brusque déchirure se fit à mes yeux dans le paysage, et contournant un roc en surplomb, j'aperçus tout à coup, de l'autre côté du versant, un tableau féerique. Le vallon disparaissait à une immense profondeur, sous une mer de verdure, que bordaient des roches capricieuses. Tout en bas, dans un grand ravin, un torrent se précipitait, et allait se cacher sous les scolopendres, qui sortaient des fentes des rochers. Des cascades rebondissaient de pierre en pierre, avec un bruit gai, traversé par des froissements de plumes et des piaillements, appels et cris d'un peuple ailé qui montait et descendait sans cesse et semblait se plaire à suivre les évolutions de l'eau. Des vols de pies bleues aux longues queues effleuraient les baies rouges des myrtes. C'était un lieu plein de poésie et de murmures, d'où s'exhalait un charme pénétrant.

Il y avait là des oiseaux que je n'avais jamais vus et qui n'ont peut-être pas de nom dans notre langue : ils étaient de la grosseur des grives, bleus et noirs, avec le bec jaunâtre et les pattes vertes. J'en abattis quelques-uns que je donnai plus tard au cabinet d'histoire naturelle des Jésuites de Chang-haï, dirigé par le très-savant P. Eudes.

Cette nature inconnue me tentait; je résolus de descendre pour l'examiner de près, et ne pouvant le faire en ligne droite, je biaisai. Je m'engageai dans une espèce de tranchée oblique qui s'enfonçait dans l'intérieur de la montagne, et je descendis la rampe assez roide, non sans efforts : je parvins ainsi sur un grand plateau en pente douce, couvert d'ifs, et qui, d'après mes calculs, devait insensiblement me conduire au sein de l'Éden entrevu. Mais, je ne sais comment, je ne retrouvai plus ma vision. J'errai longtemps sous ces arbres sans fin : le plateau s'élargissait encore; c'étaient maintenant des tamarins et des sophoras. Je passai d'une colline à une autre colline, et marchai toute la journée, inquiet et cherchant à reprendre la direction du fleuve, mais en vain. Les deux soldats qui m'accompagnaient ne se reconnaissaient pas plus que moi : l'un voulait pousser à gauche, l'autre à droite, et moi devant. Nous traversions toujours des bouquets d'arbres, ne rencontrant aucune culture, sauf quelques champs de patates douces. Enfin nous nous perdîmes tout à fait au milieu d'un bois de pins.

Harassés, découragés, incapables de nous diriger, nous nous laissions aller à la dérive, entraînés dans un chemin sombre à travers les branches. Tout à coup, les troncs s'éclaircissent : nous sommes arrivés sur la lisière, et devant nous s'élève un hameau composé de quatre ou cinq maisons. Mon costume étranger, mon fusil, mon braque Lili orange et blanc firent une telle impression sur les habitants que le village détala en masse; j'avais beau me livrer à une pantomime rassurante, les chiens, les bœufs, les cochons, les enfants les hommes et les femmes, tout avait pris la fuite. Ils m'observaient, de loin, curieusement. J'eus beaucoup de peine à ramener tout ce monde. Enfin ils commencèrent à s'approcher; puis ils s'enhardirent à tâter l'étoffe de mes habits : je les intriguais infiniment. Mais ils furent tous très-aimables. On m'invita à boire, à manger, à me reposer. Ils n'avaient jamais vu d'Européen.

Le secret pour se faire bien venir des Chinois est de ne pas craindre de causer avec eux, et de s'attacher à ne les point froisser, jusque dans les moindres choses. C'est un peuple éminemment poli et hospitalier, mais craintif, et surtout susceptible. Pour moi, je pense qu'on pourrait, avec deux domestiques pour seule escorte, et à condition de savoir la langue, traverser tout l'intérieur de la Chine, même dans les parties les plus éloignées des postes européens. J'excepte cependant les grandes villes, où les passions populaires sont plus promptes à s'exciter.

L'année dernière, j'ai fait une excursion de dix jours dans les montagnes du Fo-kien . j'étais parti du fleuve Ming, à vingt milles de Fou-tcheou; je marchai cinq journées devant moi, et je mis cinq autres journées pour revenir au fleuve. Le soir, je couchai un peu partout, sûr de trouver toujours l'hospitalité chez les indigènes. Une fois, cependant, elle faillit m'être refusée. Il était nuit : j'étais exténué de fatigue. J'arrive au haut d'une grande montagne où il n'y avait qu'une ferme. Je demande à coucher. Nulle réponse; toutes les portes sont closes : j'entends qu'on se barricade avec soin. N'ayant pas le choix du logement, je m'installe dans la cour de la ferme et me dispose à y passer la nuit; enfin, une vieille femme montre timidement le bout de son nez.

« Vous êtes le chef d'une bande de voleurs, hein? dit-elle.

— Moi? par exemple! je suis Européen.

— Vous êtes Européen? *eh ya!* c'est bien pis!

— Comment! c'est pis? Vous avez donc peur que je vous assassine?

— Vous porter sur vous une poudre qu'il vous suffit de jeter sur la maison pour que toute la famille meure avant la fin de l'année. »

Je protestai que je n'avais aucun projet sinistre; mais il me fallut user de beaucoup de diplomatie pour convaincre la brave femme.

Deux jours après, j'atteignis un petit village où je ne trouvai pas une maison assez propre pour y faire ma cuisine et y coucher. Je m'accommodai d'une pagode, où je fis mon lit sans façon. Mais toute la population en émoi vint m'assiéger, envahit ma chambre à coucher et voulut m'expulser.

« Vous êtes un diable d'Occident! me disent-ils; vous venez ici pour couper le cou à Bouddha! »

Je n'eusse certes rien gagné par de l'arrogance; mais grâce à beaucoup de douceur, mélangée d'un peu de fermeté, je fis évacuer la pagode et pus garder mon logement.

J'ai remarqué ainsi que toujours, loin des grands centres, les Chinois sont doux, empressés, accueillants. Les montagnards chez qui j'étais tombé si à propos au sortir de mon bois de pins me parurent surpasser tous les autres en bienveillance et en courtoisie. L'un d'eux s'offrit à me conduire et à me ramener au fleuve.

J'étais parti le matin pour une promenade de deux ou trois heures : il était neuf heures du soir quand je pus rejoindre ma barque, et je ne la retrouvai qu'au son du canon rouillé de la canonnière, tiré pour me guider dans sa direction.

Les bateliers avaient suffisamment bu, mangé et fait du bruit ; ils consentirent enfin à continuer leur route.

Nous étions au lendemain de cette journée d'aventures. Depuis longtemps déjà nous entendions un bruit sourd, continu, qui s'accentuait par degrés et éclatait en notes graves. C'était le premier rapide. Les bateliers firent les préparatifs préliminaires : on s'occupa de chercher une grosse corde pour haler. On loua sur la rive un complément d'hommes qui pussent aider nos matelots à tirer la barque ; on décrocha le tambour que l'on frappe sur l'ordre du pilote pour arrêter les tireurs de corde; on déploya le petit drapeau qui les fait marcher : car souvent le chemin de halage est assez loin ou assez haut, et le tumulte du fleuve empêche que sur le bateau même on se puisse entendre.

La corde fixée à une poulie se lâche et se ramène à volonté. Elle est souvent accrochée au passage par une pointe de roc ou une grosse pierre, et l'on essaye d'éviter cet accident en postant plusieurs hommes aux endroits suspects. Il arrive aussi que les haleurs vont trop vite; alors on bat immédiatement le tambour. Car si l'on n'y prenait garde, la barque serait entraînée sur quelque rocher. Si elle n'arrivait pas bien de face sur le rapide et que l'on continuât à tirer, elle serait renversée. Il faut user de mille précautions, et les passages, on le voit, ne sont pas sans danger.

Le rapide que nous traversons porte le nom de T'a-tong; il est long de deux à trois cents mètres : il nous fallut deux heures pour le traverser. Les haleurs étaient plus de cent cinquante.

Autour de nous, les gorges sont moins étroites, ce sont sur les deux rives des collines adossées à de hautes montagnes.

Nous sortons du premier rapide pour tomber dans un second. C'est le fameux Tsin-t'an, réunion de trois rapides dont le dernier est le plus périlleux. Nous arrivâmes en vue de Tsin-t'an dans l'après-midi du lendemain, après avoir fait en un jour et demi une vingtaine de lieues. Quatre cents hommes tiraient la jonque. Nous mîmes plus de quatre heures à franchir dix mètres.

Il s'agissait d'escalader une petite cataracte : le devant de la barque était en haut, tandis que l'arrière plongeait dans le fleuve. Dressée ainsi, elle semblait se tenir debout sur l'eau ; le courant la secouait par brusques saccades. Pendant plus de deux heures nous ne pûmes faire un pas en avant.

La situation était grave : le rapide, violé, se défendait avec fureur ; de chaque côté, des rochers à fleur d'eau étaient là, guettant : un coup de gouvernail à faux, et le bateau était éventré ! Nous entendions par moments la corde crier sur la poulie, et nous songions que si elle venait à casser, nous étions certainement perdus. Enfin, après bien des cris et plusieurs coups de bâton distribués sur le dos des tireurs par leurs patrons et par les gens du petit mandarin du village de Tsin-t'an, notre barque parvint à monter cette espèce d'escalier mouvant.

Il était nuit. Nous couchâmes au-dessus du rapide, au pied même du village de Tsin-t'an, bâti en amphithéâtre sur une pente assez roide. Jusqu'au matin nous entendîmes le bruit formidable des eaux.

La jonque était amarrée à un roc saillant, et fixée par trois cordes à des pieux solides. Je rêvai dans la nuit que quelqu'un était venu furtivement couper ces cordes, et que notre bateau, emporté par le courant, s'était brisé. Je me réveillai en sursaut : il faisait jour; nous étions en route. La barque, par la faute de je ne sais qui et de je ne sais quoi, venait de heurter légèrement contre un rocher; ce choc avait occasionné des cris et fait naître une dispute entre le pilote et l'équipage. Plus d'une fois, dans le cours de cette traversée, nous fûmes obligés d'intervenir dans des querelles de ce genre et d'imposer silence aux deux camps.

La journée s'annonce mal. Un vent contraire, de la pluie, du givre, un fort brouillard, nous rendent la navigation difficile : on ne peut plus voir que le pied des montagnes; sur les rives s'étendent des champs de blé, de fèves et d'orge avec quelques plantations de jeunes pins couleur vert tendre. Dans l'après-midi, un gros vent souffla contre nous. Nous n'avancions que lentement; la ville de Koueï-fou, sur la rive gauche, n'était pas loin; je savais que c'était le lieu de la couchée : je descendis avec mon chien et mon fusil, me proposant de marcher tout le reste du jour.

Le pays est ici moins sauvage qu'à l'entrée des gorges : les montagnes ont diminué de hauteur. Il y a encore quelques ifs, des araucarias aux bras cuirassés d'écailles et hérissés de pointes, et des ailanthes squammeux aux branches grêles, dont la racine fournit un remède infaillible contre la dyssenterie[1]. Ma chienne Lili fit sortir d'un fourré de tamarins deux muntjacs ; j'en tuai un : c'était un joli petit chevreuil doré. J'aperçus aussi de loin, sans pouvoir les atteindre, des animaux de formes étranges : ils s'appelaient dans le pays des « chiens-cochons » , et avaient la grosseur d'un de nos caniches. En voici la description exacte, d'après mon Chinois chrétien Thomas[2], à qui j'en laisse la responsabilité : il a la tête d'un chien, le corps et la couleur d'un chevreuil, les pattes d'un mouton et la queue d'un lièvre.

J'arrivai à notre station après le soleil couché. Le bateau ne tarda pas à m'y rejoindre ; j'y montai. La ville de Koueï-fou, sur la hauteur, ne nous apparaissait que comme une grande forme blanche. Une embarcation nous aborda, et nous vîmes venir à nous deux petits mandarins, envoyés par les autorités du Se-tchuen pour

[1] Découverte récente de mon ami M. Dugat-Estublier, docteur de la légation de France à Pékin.

[2] C'est ce même Thomas qui accompagna en 1869, sur les frontières du Thibet, l'illustre naturaliste M. l'abbé David.

nous faire honneur. Ils étaient sans plume et sans bouton, et portaient sur leurs robes bleu cendré le vêtement blanc, signe du grand deuil officiel. Ils nous annoncèrent la mort de l'empereur Tong-tcheu [1], emporté en quelques jours par la petite vérole.

Cette nouvelle nous causa une vive inquiétude. Qu'allait-il arriver à Pé-kin? Pourquoi n'avions-nous rien reçu à ce sujet de la légation? Nous savions que dans le palais il y avait deux partis : l'un anti-européen, celui de la reine mère; l'autre qui nous est favorable, celui du prince Kong. Une révolution était à craindre.

Nous causâmes de l'événement avec nos deux mandarins, le « vieux monsieur Tseou » et le « vieux monsieur Ko », et ils nous expliquèrent leurs vêtements, la durée et le caractère du deuil qui suit la mort d'un souverain, et les usages qui se pratiquent en pareil cas.

Pendant cent jours, les mandarins de tout grade ne peuvent plus porter d'habits de soie :

[1] Mort le 12 janvier 1875, à l'âge de dix-neuf ans.

ils doivent être vêtus de coton. Les trente premiers jours ils portent le grand deuil, c'est-à-dire le blanc; et durant la période entière il ne leur est pas permis de raser leurs cheveux ni leur barbe. Pour les gens du peuple, cette prohibition ne s'étend qu'à quarante jours.

Quand un grand mandarin sort de son palais, on ne tire plus de pétards; ses insignes, au lieu d'être rouges, sont bleus. Les cartes de visite sont de couleur chamois.

La couleur rouge est absolument interdite aux mandarins comme au peuple. Le flot carminé qui orne leur chapeau officiel est enlevé ; le signe distinctif du mandarinat, le bouton de corail, de lapis-lazuli ou de cristal, disparaît.

Si un mandarin rencontre dans la rue un monsieur à tête rasée ou une dame en vêtements écarlate, le délinquant ou la délinquante reçoit sur-le-champ quelques coups de bambou; sinon ils sont obligés de payer une forte amende.

Quant à ceux qui croient échapper par la retraite à la prescription que tous sont tenus de suivre, ils ne sont pas plus en sûreté dans leurs maisons.

Les agents de police, les *ti-pao* (maires) et autres employés subalternes ont alors pour occupation principale de courir, sous un déguisement, les campagnes, de rôder autour des habitations et d'y découvrir les têtes rasées. Ils reviennent promptement les signaler aux tribunaux, et dans les vingt-quatre heures les tondus reçoivent, sur papier cendré, une invitation polie de vouloir bien se rendre chez le magistrat pour affaire d'importance.

C'est ce que nous eûmes l'occasion de constater nous-mêmes à Tchong-kin, une quinzaine de jours après cette conversation.

Le coupable était un riche particulier, propriétaire d'un bouton bleu qui lui avait coûté dix mille francs. Il était, il est vrai, peu aimé de ses voisins, dur envers les pauvres, récalcitrant au payement de l'impôt. Ne pouvant supporter pendant le temps rigoureux la gêne qui lui était imposée, il eût la fâcheuse idée de se faire raser. Le barbier fut appelé en secret ; on le paya même un bon prix pour acheter sa discrétion, et le globulé se disposa à garder le logis et à ne se montrer en public qu'à l'expiration du deuil. Mais voyez les fruits d'une mauvaise réputation! Le *pauvre richard* se croyait entouré d'amis : tous le dénoncèrent.

Le soir même, deux cavaliers en grande tenue arrivaient chez le réfractaire, porteurs d'une lettre d'invitation pour le lendemain. L'invité eut beau se dire indisposé, il lui fallut se rendre au palais mandarinal.

Là, il fut reçu gracieusement dans la salle dite des *visites*, et tandis qu'il faisait ses salutations respectueuses, le préfet, tout embarrassé, hésitant, presque déconcerté, lui dit :

« Comment! vous ne portez pas le deuil? Ah! que ne l'ai-je su! je ne vous aurais point prié de venir. Si l'on allait apprendre, à la métropole, que j'ai reçu un de mes plus riches administrés dans cet état, c'en serait fait de ma charge! Et on le saura infailliblement. Vous avez traversé toute la ville! Plus de quatre cents employés vous ont vu. Que faire? Retirez-vous au plus tôt, et voyez s'il y a moyen de détourner l'orage. En tout cas, si je perds ma place, vous, vous perdrez votre bouton et votre fortune. »

Cette algarade coûta au riche tondu plus de quinze mille francs. On en employa douze cents à reconstruire une pagode, et le reste prit, lui dit-on, le chemin de la métropole, afin de parer les foudres du vice-roi. Mais le fait est que le mandarin garda tout.

Les deux « vieux monsieurs » avec qui désormais nous faisons route parlèrent longtemps. A propos du deuil public, ils nous instruisirent sur les deuils privés et se complurent à nous donner à ce sujet des éclaircissements sur chaque question. Nous ne décrirons pas les cortéges funèbres, ni les ensevelissements, ni mille choses racontées avant nous et connues sans aucun doute du lecteur; mais nous dirons un mot de la manière dont les Chinois expriment leur douleur quand ils perdent leurs amis ou leurs proches.

Ils pensent que l'on doit aux morts une dette bruyante, qui se paye officiellement et publiquement avec la gorge et les poumons. Plus éclatants sont les cris poussés, et plus haut est le témoignage d'affection rendu.

Dès que le moribond a exhalé le dernier soupir, toute la famille se transporte à la pagode de *Tou-ti*, petite divinité que possède le moindre village, fût-il de vingt-cinq habitants. On traverse les rues en proférant de grandes clameurs ; on porte des bâtonnets odorants, faits d'écorce d'ormeau ; on se prosterne au pied de l'idole, et on la conjure de solliciter pour l'âme qui vient de quitter la terre une place honorable dans le pays du ciel. Cette cérémonie terminée, on envoie aux amis, comme lettres de faire part, de grandes pancartes bleues, et le mort demeure exposé dans sa bière jusqu'à ce que tous les proches parents soient venus constater son identité et le pleurer solennellement.

Le caractère de ces lamentations est des plus étranges. Si une fille du défunt est mariée dans un autre village, fût-il éloigné de plusieurs milles, elle doit commencer à crier dès qu'elle sort de sa maison. Elle crie dans son village, sur sa route, dans tous les hameaux par où elle passe, et malgré son épuisement, parfois affecté, souvent réel, elle tâche de donner à sa voix une nouvelle force et redouble d'énergie quand elle arrive au lieu où est le cadavre de son père ou de sa mère.

Dans mon excursion de la veille, en passant devant un petit bourg adossé à la montagne, je m'étais approché de plusieurs femmes vêtues de blanc, c'est-à-dire en grand deuil, et coiffées de bandelettes de toile blanche, qui remplaçaient dans leurs cheveux les aigrettes et les épingles d'argent ou d'or. Je leur demandai mon chemin. Mon costume européen les fit beaucoup rire; elles me demandèrent si j'étais un Cantonais. C'était une grande joie pour elles de me considérer à leur aise. J'obtins enfin le renseignement que je demandais, et je continuai ma route. Je n'avais pas marché cent mètres que j'entendis derrière moi des cris épouvantables. Je me retournai très-intrigué. C'étaient les mêmes femmes qui, à propos de la mort d'un parent, continuaient leurs lamentations interrompues.

J'ai assisté plus d'une fois en Chine à des tumultes funèbres. Un Européen qui ne connaîtrait pas les ressorts de cette pantomime en serait très-effrayé. Toutefois, le caractère lugubre en est singulièrement modifié quand le cercueil est cloué et qu'il ne reste plus qu'à procéder à l'enterrement.

Après que tout est terminé, quand le défunt a été mis en terre, les Chinois, jugeant que la mort de leur parent ou de leur ami est un fait contre lequel ils ne peuvent rien, prennent le parti de s'y résigner; ils louent des musiciens, et, à côté des bonzes priant, font venir des bonzes jonglant; ils sont persuadés que des tours de passe-passe amuseront les mauvais esprits et les détourneront de faire du mal au trépassé. L'enterrement est devenu une fête, à laquelle ne manque pas le grand repas solennel, qui dure un, deux ou même trois jours.

Pendant qu'on festoie ainsi dans la maison mortuaire, le soir venu, on en décore l'extérieur de lanternes bleues et de sentences sur chiffons blancs; tout le village, y compris les ennemis du défunt, vient pousser les trois cris devant la porte; leur accent doit être rauque et nasillard. Pour mieux réussir à produire le son désiré, les vieillards portent des lunettes qui leur pincent fortement le nez, et les autres se servent de l'index et du pouce. Tout cela monte vers l'âme disparue, avec l'encens qu'on brûle dehors et la fumée des lingots de papier.

L'intérêt visible que nous prenions au récit des deux mandarins les faisait sourire.

« Puisque vous êtes curieux de détails de ce genre, me dit M. Tseou, tirant de sa botte un long rectangle de papier bleu, voici quelque chose qui va vous plaire. C'est une complainte qu'a chantée il y a quelques jours un de nos amis sur la tombe de son père, en présence de tous ses parents. Il y avait quatre mois que celui qui excitait ces pleurs et ces regrets avait été frappé par le feu du ciel. Dans ce chant funèbre, qu'il a envoyé à tous ses amis à peu près tel qu'il fut psalmodié au cimetière, l'auteur, forcé de dévorer seul son chagrin et sa honte, a demandé à la poésie de transformer l'odieuse fulguration du tonnerre en un rayon descendu du ciel pour l'y emporter. Car vous n'ignorez pas que la mort la plus ignominieuse est celle que cause la foudre. C'est au point qu'un empereur, dont je tairai le nom, ayant été, en chassant, renversé avec ses fils par un éclair, fut maudit dans sa mémoire par le peuple entier; aujourd'hui encore, quand il s'agit de lui, on en parle comme d'un grand criminel, d'un prince indigne du trône; mais plus souvent on garde le silence, et on ne le nomme jamais. Voulez-vous prendre le texte de la complainte de mon ami? »

Parbleu! si je le voulais! Je m'empressai de la donner à copier au lettré, et je pus faire de ce document rare et authentique une traduction littérale que je m'empresse de présenter au lecteur :

« Vénérable et auguste régulateur de la famille, où donc sont allés votre esprit et votre souffle?

« Hélas! c'est moi, chétif avorton, votre misérable esclave, qui par mes crimes et mon ingratitude vous ai chassé de ces montagnes, moins insensibles que moi! Souvent leurs échos vous chantèrent, et ils rediront encore dans tous les siècles votre nom, votre gloire et vos vertus.

« A vos vertus le ciel accorda le bonheur de vous faire avoir plusieurs enfants. Du dernier *germe* eût dû sortir, comme des autres, une belle tige, et une fleur suave éclore, dont la vue vous eût consolé. La tige fut sans force, et le bouton se dessécha avant d'être fleur.

« Et cependant, à ma naissance, tous s'empressèrent à vous complimenter. On apporta des *tueï-tze,* inscriptions flatteuses et immortelles : les présents furent sans nombre. Là poésie et la musique chantèrent la naissance du nouveau-né. Les œufs [1] peints de couleurs variées vous furent offerts par milliers... Les gâteaux sucrés remplirent votre *tsie-weï* [2].

« Au lieu d'imiter ces hommes vaniteux qui tuent les poules et les canards par centaines pour célébrer la naissance d'un fils et donner aux amis un festin magnifique, votre intelligence, éclairée par la Divinité et par l'amour, voulut assurer

[1] A la naissance d'un cinquième fils, les voisins de l'heureux père lui apportent une quantité prodigieuse d'œufs cuits et bariolés. Confucius avait approuvé cette coutume, disant que les plus beaux visages et les meilleures intelligences prenaient la forme des œufs. Visage *ovale*, intelligence *ovale*, tel est l'idéal, suivant le philosophe chinois.

[2] Salon.

une longue vie, une carrière brillante et une vertu sans tache à celui qui se couche maintenant dans la poussière et la cendre pour vous pleurer...

« Et qui voudrait être mort dix mille fois, pour prolonger votre souffle d'un quart de lune.

« Vous auriez craint, en égorgeant tant de victimes, d'encourir la colère des dieux et d'abréger par là les jours, la gloire et la vertu de ce petit *néant,* qu'ils vous donnaient. Et par amour pour moi; vous n'offrîtes à vos amis que des gâteaux, des fruits et du vin.

« Votre vertu égalait la hauteur du firmament. Elle traversa comme un rayon de lumière les trois provinces qui vous séparaient du Trône céleste, et l'empereur en vit l'éclat. Bientôt, après avoir passé par les charges les plus glorieuses, vous fûtes appelé dans la ville impériale pour y exercer les fonctions si redoutables de censeur.

« Sans faiblesse et sans flatterie, vous eûtes, ô rayonnement grand et splendide ! le courage de ne trembler jamais devant cette Majesté qui d'un seul regard met à ses pieds la terre entière.

« Votre vie s'est écoulée comme l'eau limpide d'un ruisseau que ni les torrents des montagnes, ni les pluies du ciel ne peuvent troubler ou grossir, mais qui reste égale toujours, avec son doux et délicieux murmure.

« Le ciel, pour prouver combien il était impatient de vous ravoir, s'est ouvert : un globe lumineux comme le soleil en est descendu, vous a enveloppé et porté dans cette région immortelle réservée aux hommes sans reproche.

« Pour moi, votre esclave, je n'ai plus qu'à jeûner, qu'à pleurer, qu'à gémir, qu'à mourir. Ma place n'est plus parmi les vivants. Je vais habiter ce désert silencieux, couvert de cyprès, où reposent vos dépouilles terrestres. Puissé-je y dormir, moi aussi, et, attiré par votre puissante protection, me trouver au pied de cette montagne resplendissante, sur laquelle vous êtes assis parmi les grands hommes !

« La lumière qui emporta le grand saint [1] le saisit à l'âge de soixante-treize ans : celle qui

[1] Confucius.

vient de vous enlever à notre amour vous a déposé dans les régions célestes à l'âge de soixante-quatorze ans. Vous étiez digne de ce rapprochement, grand et unique. »

Ces longs entretiens s'étaient prolongés une partie de la nuit. Le lendemain, nous nous mîmes en route, escortés par la jonque des mandarins, que suivait notre canonnière. Il pleuvait : un brouillard flottant s'était pris aux rocs des montagnes, et, comme une vaste toile, couvrait le ciel. Le paysage était triste et gris : on n'en apercevait que les parties basses.

Un bouquet de maisons se laissa entrevoir un moment. Quelques terrains défrichés, où l'on a planté des pommes de terre, tranchent sur le pays sauvage qui les entoure. C'est Iam-kia-ho, le dernier hameau du Hou-pe.

LA RIVIÈRE MIN, DANS LA PROVINCE DU SE-TCHUEN.

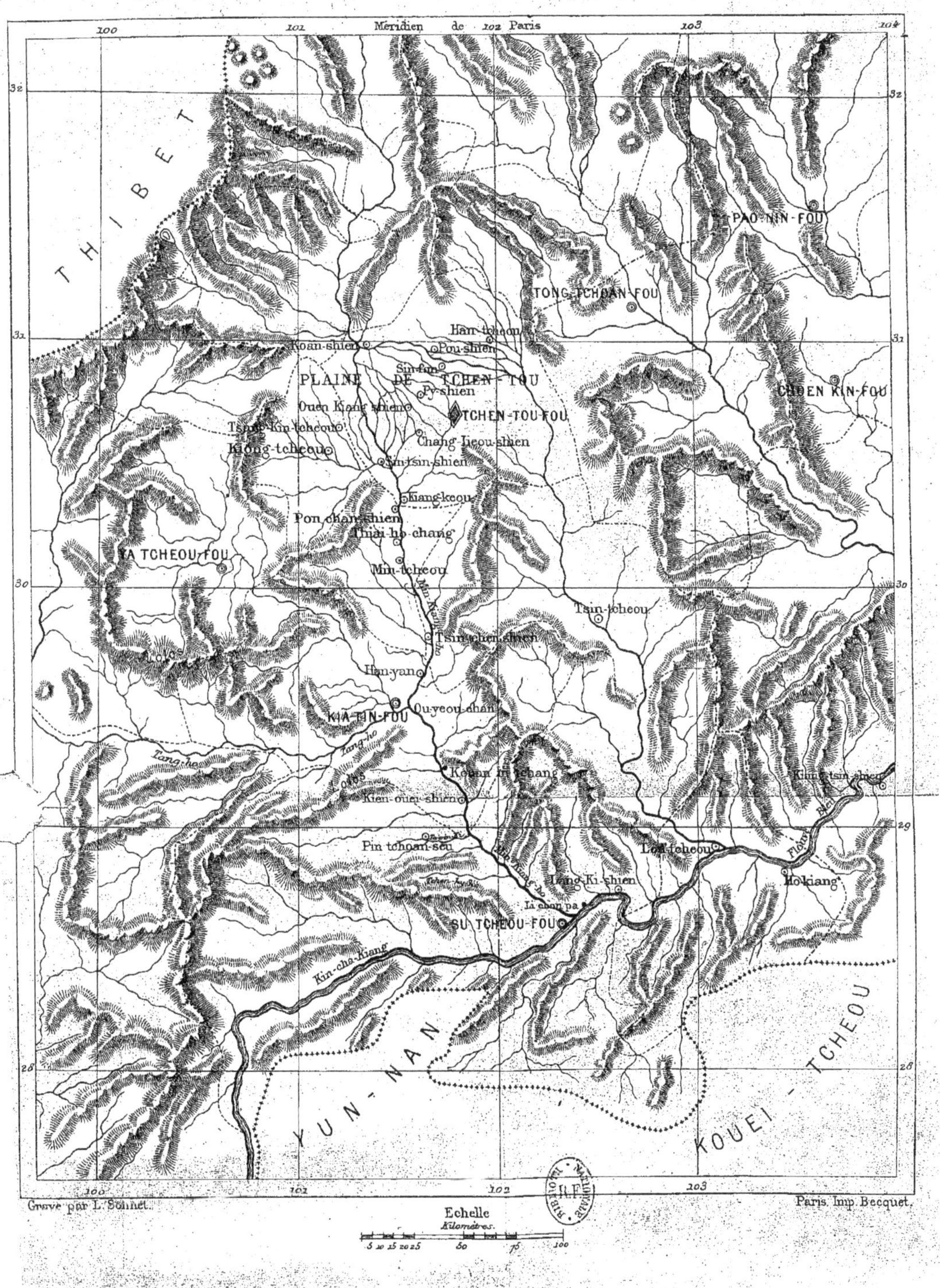

VI

LE SE-TCHUEN

Le nom de la France au Se-tchuen. — L'arbre à suif. — Ou-chan-shien. — Ordonnance contre l'opium par un fumeur d'opium. — Les boutiques de Koueï-tcheou. — Mort d'un veau. — Fête de la Lune. — Une école dans le Se-tchuen. — Jugement des Chinois sur les embrassades et sur la danse. — Tchong-tcheou. — Est-il possible qu'on soit blond! — Curiosités familières des Tchong-kinois.

Le 11 février, nous entrons dans le Se-tchuen[1], sans cesser de suivre l'interminable défilé des montagnes, qui nous entourent depuis huit jours. Nous pénétrons enfin dans cette fameuse province, la plus grande de la Chine[2] et l'une des moins connues, car elle se dérobe aux convoitises des Européens en opposant à la navigation

[1] Ce mot signifie *Quatre-Vallées*.

[2] Le Se-tchuen contient douze *fou* ou cités de premier ordre, neuf *tin* et dix-neuf *tcheou*, villes de deuxième ordre ; cent douze *thien*, villes de troisième ordre, sans compter une quantité innombrable de villes non classées dans ces trois degrés, de bourgs, de bourgades et de villages.

du Yang-tze les barrages successifs des rapides. Nos yeux parcourent déjà avec plus de curiosité les bords du fleuve.

Nous relisons dans les auteurs chinois les détails qu'ils donnent sur cette partie de l'empire : ils la citent comme surpassant toutes les autres en beauté et en richesse ; ils énumèrent ses nombreuses rivières portant partout la fertilité aux champs, le commerce aux villes populeuses ; ses trente-cinq millions d'habitants, ses deux cent vingt mille milles carrés, ses quatre-vingt-seize millions d'exportation annuelle.

Et en regard des vieux livres, nous étudions de nouveau la topographie des *Quatre-Vallées* sur nos atlas grands ouverts dans la cabine [1]. Une chose nous frappe : c'est la difficulté qu'auront toujours les Européens pour parvenir jusque dans cette région reculée de la Chine. Déjà cependant les Anglais et les Américains ont

[1] Le Se-tchuen est situé entre 26° 10′ et 33° de latitude nord, et 98° 20′ et 108° de longitude est. Il mesure environ du nord au sud 3,200 ly (1,814 kilom.), et de l'est à l'ouest, 700 ly (396 kilom.).

ébauché des projets de communication avec le haut Yang-tze. Les produits du centre de l'empire les tentent. Ils écouleraient de fortes quantités de cotonnades parmi ces populations qui n'usent guère encore que de la soie. Il faudrait, pour donner l'essor au commerce, ouvrir un chenal à travers les écueils et les chutes, avoir sur des bateaux légers des machines puissantes qui vaincraient l'effort des crues.

Attendons : avec le temps et de l'argent, les Anglais viendront à bout de tous les obstacles. Mais nous pourrions, nous Français, créer des voies nouvelles à tant de ressources. La proximité relative de nos établissements en Cochinchine, et notre position avancée dans le Ton-kin, nous permettraient de détourner à notre profit, par la voie du fleuve Song-koi, les richesses du Se-tchuen, du Yu-nan, du Kouang-si et du Koueï-tcheou.

Quelques Français intelligents et dévoués se sont faits les promoteurs de cette idée ; elle peut être le point de départ d'un magnifique avenir pour notre trafic avec l'extrême Orient.

Sur le littoral de l'est, il nous sera toujours difficile de lutter avec succès contre les Anglais : leurs comptoirs s'accroissent, la douane impériale tombe dans leurs mains. C'est à peine si quelques négociants sérieux nous représentent, et il n'y a qu'une œuvre française dans les ports, l'arsenal de Fou-tcheou, créé et dirigé par l'éminent lieutenant de vaisseau M. P. Giquel.

Mais dans l'intérieur des terres, où nous sommes maintenant engagés, on ne connaît qu'une nation, la France. Elle seule a pénétré ici, avec les missionnaires qui ont apporté au Se-tchuen le respect de son nom en même temps que le culte de sa civilisation et de son Dieu. Qu'après les propagateurs de l'idée religieuse, viennent maintenant les pionniers du commerce français. Bientôt la France s'acquerra une situation inexpugnable au cœur même des plus fertiles provinces du Céleste Empire.

La première ville du Se-tchuen que nous apercevons sur la rive gauche du fleuve nous offre déjà des maisons mieux bâties, plus propres que toutes celles que nous avons rencontrées jusqu'ici; elles sont larges, espacées, à leur aise.

C'est Ou-chan-shien, entouré de murs et posé sur un plateau élevé au milieu d'un paysage charmant.

La végétation emprunte au soleil revenu des teintes plus vives : la pluie a cessé enfin, et les plantes, depuis plusieurs jours inondées, sont brillantes et moites. Je vois sur les rives des *arbres à suif*[1] : ils ressemblent beaucoup aux cerisiers et produisent des graines blanches de la forme et de la grosseur d'un pois chiche; on en extrait une espèce de graisse dont on fait des chandelles.

Nous ne nous arrêtons pas devant Ou-chan-shien. A peu de temps de là les passages dangereux recommencent, et nous traversons encore des rapides. En voici un, le Yeou-tcha-tsi, puis un autre. Plus loin, se dresse un rocher au milieu du fleuve.

« Voilà, me dit le pilote, l'écueil où vont se briser bien des barques. En descendant la rivière,

[1] Le *ou-kicou-mou* (Creton sebiferum).

beaucoup s'y jettent, pour éviter un fort tourbillon, et si les eaux sont hautes, le danger est plus grand : les jonques se heurtent, sans le voir, au rocher disparu. »

Quand nous fûmes tout près, nous reconnûmes des épaves, des débris d'un naufrage récent. Peu de temps auparavant, plusieurs hommes s'étaient noyés là.

Les champs de pavots, si communs après Tchong-kin, dans la partie méridionale de la province, sont rares encore : nous en voyons ici quelques-uns. La culture de l'opium est très-répandue aujourd'hui dans l'ouest de la Chine, qui se suffit à lui-même pour ce produit. On n'y achètera bientôt plus l'opium indien, qui est de qualité meilleure, mais plus cher du double. Il y a pourtant des édits impériaux qui interdisent la culture, la vente et l'usage de l'opium; mais ces édits sont restés lettre morte. Les mandarins, pour la plupart fumeurs d'opium eux-mêmes, sont bien obligés de fermer les yeux; coupables les premiers d'infractions aux ordres supérieurs, ils ne sévissent guère que lorsqu'ils y sont forcés.

Nous dînions un jour précisément à Tchong-kin, chez le *tao-taï*[1]. Notre hôte puait l'opium sans s'en douter; mais à la manière dont nous parlâmes de ce narcotique, il eut quelques soupçons. Nous fîmes la remarque, à table qu'on voyait dans le Se-tchuen, un grand nombre de champs de pavots, et nous en parûmes surpris, nous étant imaginé qu'il y avait des édits à ce sujet. Le *tao-taï* ne dit rien; mais, se penchant vers un de ses domestiques, il donna un ordre tout bas. Lorsque, après dîner, nous prîmes congé de lui, il nous arrêta sur le seuil du *ko-ting*[2] pour nous dire :

« Regardez bien ce que vous trouverez en bas, devant la porte de mon *ya-men*[3], et lisez l'ordonnance collée au mur. Vous pourrez répéter à Pé-kin comment je veille à l'exécution des lois. »

Deux immenses paniers remplis de pipes étaient

1 Inspecteur des préfets.
2 Salon de réception.
3 Palais.

posés de chaque côté de l'entrée, et nous lûmes sur de grandes affiches, pointées de rouge aux mots significatifs, la saisie de tous les ustensiles à fumer l'opium et la fermeture des *ta-ien-p'ou-tze*[1].

Il y a maintenant une semaine que notre jonque a quitté le port d'I-tchang : elle nous dépose à Koueï-tcheou-fou, où nous allons rendre visite à un Français des Missions étrangères, M. Pons. Il réside dans l'intérieur de la ville, habite dans une maison chinoise, et vit à la manière du pays. Il fait partie ici de la mission de Mgr Desflèches, évêque du Se-tchuen oriental.

Koueï-tcheou-fou est une fort jolie petite ville, qui nous frappe, quand nous avons gravi la montagne pour y parvenir, par l'aspect propre et gai de ses rues, par l'élégance de son *ya-men*, que l'on distingue de loin aux deux longs mâts rouges qui le précèdent, et par l'originalité de ses boutiques : elles sont saillantes, de couleurs variées, multipliant les enseignes laquées, noires avec des

[1] Maisons à opium.

lettres d'or, et présentent des échafaudages de jujubes, des gâteaux de châtaignes d'eau en pyramide, tentant la gourmandise de l'acheteur. Aux devantures, on voit des *pa-touan*, étoffes de soie épaisses, brodées d'oiseaux et de dragons; des crêpons roses, des bonnets d'enfants représentant la tête d'un tigre et ornés de grelots, de plumes de paon et de verroteries. Une quantité de belles peaux de léopard indiquent le voisinage de ces fauves dans les montagnes.

Nous mangeons ici des légumes frais pour la première fois depuis notre départ de Han-keou : ce sont des pois verts, et devant nous les champs en regorgent. Il est assez rare en Chine de se procurer des petits pois au mois de février. Les gens de ce pays aiment beaucoup ce légume, paraît-il, et en font l'objet d'une culture particulière. Nous étions fatigués de conserves; la viande fraîche nous manquait aussi.

De tout le voyage, nous n'avions eu ni mouton ni bœuf. Seuls, devant les villages se promenaient de petits cochons blancs et noirs, préposés par les habitants au nettoyage des rues.

Nous avions souvent usé de cette viande, qui est excellente, mais qui affadit vite l'estomac. Ils étaient certes bien jolis, bien gras, et si bien nourris ! Mais toujours des petits cochons !...

Les bœufs ne servent qu'au labourage, et on ne les envoie point à la boucherie. La plupart des mandarins s'en privent, pour ne pas, disent-ils, donner au peuple le mauvais exemple. Quant au veau, les Chinois n'en mangent jamais.

Il m'est arrivé une fois, en chassant dans la campagne, d'avoir un furieux appétit de veau. Je voyais une vache traînant la charrue, et son nourrisson la suivant de près.

« Veux-tu me vendre ça ? demandai-je à l'estimable cultivateur.

— Pour quoi faire ?

— Pour le cuire.

— M'en offrît-on mille taëls [1], je ne le donnerais pas ! s'écria le brave homme indigné. C'est fait pour grandir, non pour être mangé. »

C'est égal, j'en avais bien envie ! Mais d'obtenir

[1] Environ huit mille francs.

du Chinois qu'il se résignât à s'en défaire, il n'y fallait pas penser; je pris mon fusil, et... par mégarde, je tuai le veau.

Jamais je ne vis de colère plus épouvantable : le paysan courut sur moi avec des imprécations et des gestes horrifiques. Certainement il eût ameuté contre moi le hameau voisin si je ne l'eusse calmé sur-le-champ par cette offre, qui arrangeait tout :

« Puisqu'il est mort, et qu'à mon grand regret je ne puis le ressusciter, je vais te payer ton veau. Pour combien y a-t-il de viande ?

— Au moins pour quinze cents sapèques.

— En voici deux mille; je puis l'enlever?

— Oh! bien. »

Et j'eus ainsi pour neuf francs le veau mort, qu'il ne voulait pas, vivant, me vendre huit mille.

Notre visite à Koueï-tcheou fut courte. Nous avions hâte d'arriver dans la grande cité de Tchong-kin, où enfin nous pourrions faire un long séjour hors de la barque.

Les champs de pois et de blé dégringolent des montagnes jusqu'à la rivière; puis le pays redevient sauvage, et différents bourgs défilent sur les deux rives.

Nous voyons surgir de jolies pagodes, entourées d'arbres, et, perchées tout en haut, de petites forteresses, la plupart ruinées.

Ce sont, paraît-il, pour les gens du pays, des lieux de refuge ou de défense contre les voleurs et les rebelles.

Elles m'ont paru de piteux asiles, à côté des belles fermes dallées de marbre que j'avais dénichées en courant les montagnes du Fo-kien : véritables châteaux forts superbement armés, où s'entasse l'argent des riches familles, et que plus de deux cents personnes peuplent à la fois.

Le Yang-tze s'étend davantage en cet endroit, les montagnes s'écartant un peu et lui laissant quelque liberté. Devant la ville de Wan-schien, disposée sur un plan incliné que coupe en deux un ravin, il devient assez large. Des plantations de tabac le bordent de chaque côté.

Nous voyons là beaucoup de *tong-chou* [1]. C'est

[1] Vernicia montana.

un arbre particulier à la province; il rappelle beaucoup le noyer, et son fruit ressemble fort à la noix. Les Chinois en expriment le *tong-yeou*, qui est une huile très-recherchée, remplaçant avantageusement le vernis.

En la faisant bouillir et en y jetant de l'eau fraîche au moment de l'ébullition, on obtient une glu excellente. C'est un produit peu cher, qui ne coûte que trente francs le picul. Il deviendrait, s'il était bien cultivé, une source de richesse pour le Se-tchuen. On en expédie déjà de cette province des quantités considérables. L'exportation du *tong-yeou* peut s'estimer à près de quatre millions.

Tout à coup, nous percevons au fond du fleuve un bruit singulier; on dirait une sonnerie argentine, comme si des pièces de métal s'entre-choquaient.

J'interrogeai les mariniers.

« Qu'est-ce donc qu'on entend là?

— C'est, me répondit l'un d'eux, que le fleuve roule des morceaux d'or.

— Et l'on n'essaye pas d'y aller voir? »

Il secoua gravement la tête.

« C'est trop profond! »

Le fait est que, sur un banc de gravier, des hommes tamisaient et lavaient le sable. Ils faisaient le métier de chercheurs d'or.

« Gagnez-vous beaucoup à cela? leur demandai-je.

— Autant que si nous travaillions en journée; nous ramassons par jour une valeur de trois cents sapèques. »

C'était environ vingt-cinq sous. J'en déduisis philosophiquement que l'or qui sonnait au fond du fleuve était en monnaie de pierres.

Six jours après notre station à Koueï-tcheou-fou, poussés par un vent favorable, nous venons amarrer sur la rive droite, devant Tchong-tcheou, pour y passer la nuit. Un merveilleux coucher de soleil éclaire la ville; elle est assez éloignée; ses pagodes se dérobent derrière de hauts arbres; autant que nous la pouvons voir, elle nous paraît très-pittoresque.

Dans la soirée, nous jouîmes d'un spectacle superbe : décidément Tchong-tcheou tenait à nous faire emporter d'elle une impression brillante : elle était tout illuminée ! C'était très-beau. Les flots du Yang-tze réfléchissaient la ville empourprée et semblaient lancer des jets de lumière : les pagodes de feu s'y renversaient en formes sveltes ; les maisons toutes rouges s'y tenaient sur leur toiture, faisant éclair des quatre murs ; c'était un bouquet d'artifice sous le fleuve, et des fusées de flammes tremblaient dans l'eau.

Je priai notre *lao-pan* de m'apprendre en quel honneur cette fête soudaine était donnée.

« En l'honneur de la lune », me répondit-il.

Je fus un peu interdit, trouvant sa réplique saugrenue. Mais il me dit une date qui expliquait tout.

Le quinzième jour de la première lune est en effet pour les Chinois une époque de réjouissance. A Pé-kin, on l'appelle la *fête des lanternes*. Tout le monde peut avoir la sienne et contribuer à l'illumination générale : c'est un hippogriphe, c'est une guivre, ou tout autre animal fantastique.

Le premier jour de chaque lune, on invoque

Kon-fou-tze [1], le Grand Saint; et le quinze de la huitième, on fête encore la lune elle-même, avec le petit lièvre qui l'habite.

Mais ce qui donne à cet anniversaire sa signification réelle, c'est le souvenir d'un immense massacre de tous les Tartares disséminés dans l'empire. Je conçois que la haine contre les vainqueurs, la vengeance, le patriotisme aient rendu cette date chère aux Chinois; mais ce que je m'explique moins, c'est que les Tartares aient accepté la mémoire d'une pareille humiliation. Ils la célèbrent solennellement, avec éclat, avec enthousiasme, ni plus ni moins que les vrais Chinois. Il est probable qu'ils en ignorent le sens et l'origine.

Nous partîmes au matin, de très-bonne heure, afin de profiter du beau temps qui continuait. La route était toujours dangereuse. Le fleuve s'était mis tout à fait à l'aise, les montagnes le laissant largement passer; mais il était encore semé de bancs de gravier et de quantité de roches à fleur d'eau : de menaçantes aiguilles de pierre hérissaient ses bords.

[1] Confucius.

Nos mariniers tâtent le flot avec prudence : les eaux sont très-basses, et nous songeons à ce que doit être ce passage à l'époque des crues. Nul doute qu'il ne soit redouté de toutes les barques.

Un craquement suivi de cris se fait entendre derrière nous. La canonnière, en se heurtant à un écueil, s'est ouverte et va couler. Le rivage n'est pas loin ; on fait force de rames, et l'on arrive à temps. Deux heures après, l'embarcation, radoubée, était en état de tenir la rivière.

Encore des rapides ; le vent s'ajoute au courant pour nous arrêter. Plusieurs jours s'écoulent sans que nous avancions beaucoup.

On peut, de la rive, suivre la jonque et même souvent la dépasser.

Des volées de faisans dorés partent près de nous : sur les bancs de gravier, au milieu de l'eau, des groupes de deux ou trois grues à collier baissent le cou sous leur pèlerine grise, et attendent éternellement le poisson : cette pause leur a fait donner le nom de *lao-tan*, oiseaux de patience.

Nous apercevons de la fenêtre du bateau Fong-tou-shien, et le laissons bientôt derrière nous; puis une tour s'élance de la cime du mont : elle annonce un *shien*, c'est-à-dire une ville de troisième ordre. Nous n'avions pas encore vu, durant ce voyage, de ces sentinelles émergeant du roc, le corps emprisonné dans sept cercles de briques qui se rétrécissent en hauteur, la tête coiffée d'une houppe de pierre. Je n'en connaissais que dans le Fo-kien. Celle-ci nous signale la ville de Fou-tchou-shien, dont on commence à distinguer les faubourgs.

Les haleurs tirent péniblement la barque, se couchant sur la corde pour faire un pas. Je vais devant. En traversant un petit village, j'entends un tumulte confus de voix d'enfants. Je m'approche, je pousse une porte : je me trouve dans une salle d'école.

La classe était très-bruyante; mais à mon apparition un silence brusque se fit, et tous restèrent béants à me regarder. J'étais curieux d'assister à la leçon; après quelques paroles courtoises échangées avec le *shien-chen* [1], je le

[1] Maître d'école.

priai de continuer. Je dois avouer que les élèves furent beaucoup moins attentifs à son cours qu'à moi : ils avaient bien de la peine à retourner à leurs cahiers, ayant devant eux un animal aussi extraordinaire. Ils étaient une trentaine en guenilles, assis devant de larges tables; les murs, anciennement blanchis à la chaux, mais devenus jaunâtres, étaient décorés pour tout ornement des sentences sacrées de Confucius. Le *shienchen* m'avait offert le tube à eau dans lequel il fumait avant ma venue; sur mon refus poli, il reprit sa pipe et sa leçon.

En Chine, on écrit verticalement de droite à gauche, et au lieu d'une plume de fer ou d'une plume d'oie, on ne se sert que de pinceaux. La langue étant tout entière monosyllabique, le même mot, le même caractère peut avoir vingt significations différentes. Il suffit d'un accent, d'une inflexion de voix, souvent insaisissable à l'oreille d'un Européen, pour changer le sens d'un vocable.

Les phrases chinoises se construisent à l'inverse des nôtres, et, comme dans toutes les langues orientales, les livres se lisent en commençant par la fin, ayant pour dernière page la première. Au lieu de placer les notes en marge ou au bas des feuillets, ou après la conclusion de l'ouvrage, les Chinois les écrivent toutes au commencement, sous le titre même.

J'avais lu quelque part, je ne sais plus où, que les enfants des écoles tournaient le dos à leurs maîtres, quand ils se présentaient pour réciter leurs leçons. Je pus constater l'exactitude de cette observation ; mais celui qui l'a faite n'a peut-être pas saisi le motif de cet usage : le *shien-chen* suit sur le livre de l'élève ce que celui-ci lit et explique, et la classe entière met à profit chaque répétition.

On a dit que l'instruction en Chine est *gratuite* et *obligatoire* : la vérité est que le gouvernement n'a qu'une action très-indirecte sur les écoles. Il y en a une dans chaque village, fût-ce le plus petit ; mais elles sont toutes entretenues par les parents, qui se cotisent pour payer un *shien-chen* à leurs enfants.

L'instruction primaire, très-répandue, s'étend

à tous ; mais les autres degrés sont absolument fermés aux pauvres. Comment, à moins d'être d'une famille plus qu'aisée, pourrait-on étudier sans relâche jusqu'à l'âge de trente ou de quarante ans ?

Après cette visite au magister du village de *Mà-lou-to*, je remonte à bord et retourne au milieu des écueils.

Quelques heures après, nous arrivions à Fong-tou-shien. C'est une ville de troisième ordre, tassée au confluent du fleuve Bleu et du Ou-kiang, rivière qui sort de la province de Koueï-tcheou. Sa principale célébrité consiste en un certain vin couleur chocolat, que les Chinois estiment infiniment ; des chrétiens de la mission de Mgr Desflèches vinrent nous en offrir plusieurs jarres.

Je rencontrai ici un missionnaire avec qui j'avais lié amitié en France : il était envoyé de Tchong-kin au-devant de nous par l'évêque du Se-tchuen oriental. Je voulus serrer les mains de mon compatriote et l'embrasser, mais il m'arrêta.

« Attendez, dit-il, que nous soyons seuls ;

nous scandaliserions les braves gens que voilà, et ils trouveraient cette cérémonie déplacée. »

Ces effusions occidentales font la stupéfaction des hommes d'ici, et cela dans toutes les provinces de l'empire. Jamais il n'est venu à l'esprit d'un Chinois, fût-il resté plusieurs années sans voir sa famille, de se jeter au cou de son père ou de sa mère quand il les revoit. Il se met à genoux devant son auteur, et, gravement, jette aux autres le *h'ao!* (« Comment vous portez-vous ? »)

Cependant, les parents, — la mère surtout, — embrassent souvent leurs fils et leurs filles, mais pas après l'âge de cinq ou six ans.

Je m'étais figuré, en lisant certaines relations sur la Chine, que les habitants, sans en excepter les mères elles-mêmes, ne caressaient jamais leurs enfants : c'était une erreur, dont j'ai été bien vite détrompé. Pourtant il est une chose digne de remarque : c'est que, dans les villes, les Chinoises sont ou du moins paraissent très-réservées sur ce point ; on dirait qu'une mère n'ose embrasser son fils, au seuil de sa porte, de peur d'être un objet d'étonnement pour les bourgeois.

Au contraire, dans l'intérieur, au sein des petits hameaux perdus que nous rencontrons à travers la montagne, la mère semble se faire l'esclave des moindres désirs de son enfant. Elle le caresse d'abord en le frappant sur le dos : car c'est le meilleur système pour l'endormir et l'empêcher de pleurer ; puis les baisers se succèdent sans qu'elle les compte.

Une autre chose que les Chinois trouvent tout à fait ridicule, absurde même, c'est la danse. Pendant que j'étais à Tien-tsin, mon lettré, qui venait sans doute de voir, par une fenêtre, danser des Européens, me demanda :

« Est-ce qu'en Europe cette manière de faire la digestion est reçue partout ? »

J'essayai de lui démontrer la grâce de ce mouvement de jambes et tout le prix d'un demi-tour bien exécuté. Mais il haussa les épaules et répondit avec mépris :

« Il ne peut y avoir rien d'élégant, rien de « beau à voir » dans des sauts pareils. L'homme intelligent ne cherche pas là son plaisir. La danse est un exercice auquel vous ne pourriez accoutumer un Chinois : il est pour cela trop civilisé ! »

Cette déclaration me laissa tout interloqué.

Le missionnaire français, l'abbé Bonnet, monta sur notre jonque, et nous nous acheminâmes tous ensemble vers Tchong-kin.

Encore trois jours, et nous débarquerons dans cette grande ville. A mesure que l'on approche de ce centre considérable de commerce, les deux rives perdent leur aspect sauvage : les cultures réapparaissent de plus en plus nombreuses, et l'on voit se dérouler des champs d'orge, des terres semées de pavots, des plantations de tabac. Pour la première fois, j'observe le fameux « arbre à cire » (*pe-la-chou*). L'écorce en est blanchâtre ; il est haut à peu près comme un cerisier, mais les feuilles sont plus larges et plus longues. C'est sur elles que l'insecte à cire vit et se reproduit : il dépose sur les tiges une substance laiteuse ; c'est la cire.

Le *pe-la* est de tous les produits exportés par

le Se-tchuen celui qui offre le plus d'intérêt et qui a la plus grande importance : sur ses marchés, cent livres de *pe-la* valent quatre cents francs, et l'exportation totale de la province en est de cinq cent mille taëls [1].

Des montagnes de pots ronds en terre brune s'amoncellent dans le petit village de Wan-kouan-yeou : il y a là de nombreuses fabriques. Nous avons souvent croisé en route des bateaux chargés de ces poteries. C'est l'industrie d'une partie de la province.

Nous remarquons des fours à chaux et des paniers de roseau pleins de charbon que les porteurs, barbouillés de noir, renversent dans les barques : la terre est luisante et noire ; j'en conclus que les mines de houille ne sont pas loin.

Le charbon est encore une des richesses du Se-tchuen. On dit même que les terrains houillers de cette province sont plus nombreux que tous ceux du reste de la Chine réunis. Les districts

[1] Quatre millions de francs.

de Chen-tou-fou et de So-ni-tcheou-fou fournissent les plus grandes quantités et les qualités les meilleures. La houille que nous voyons ici, comme celle des environs de Tchong-kin, est bien moins chère, mais en revanche elle est moins estimée. Le bon charbon coûte au Se-tchuen huit francs la tonne. — Il y a aussi des mines de fer, et ce métal est l'objet d'une grande industrie.

Notre jonque avance plus vite. Les montagnes sont maintenant très-cultivées : autour de nous, des rizières se superposent en escalier ; des ravins y amènent l'eau, que l'on fait tomber d'un champ à l'autre. Elles sont grises, mais dans trois mois elles deviendront d'un beau vert tendre.

Tchang-tcheou-shien est notre dernière étape avant d'arriver à Tchong-kin : nous y recevons un envoyé du *pa-shien* [1], chargé de nous demander quel genre de maison nous désirons habiter dans la ville de Tchong-kin-fou.

[1] Nom conservé de l'ex-royaume de Pa-kouo, dont Tchong-kin était la capitale; il sert à désigner à la fois l'étendue de la juridiction de cette ville et le sous-préfet lui-même.

Bientôt nous voyons cette grande cité surgir du bord occidental du fleuve, debout sur un rocher presque à pic, et séparée en deux par un immense vallon.

Le 27 février, dans l'après-midi, nous entrâmes enfin au port. Les mariniers attachèrent la jonque à la rive même, et jetèrent une planche sur la berge en guise de pont.

Différentes barques, se ressemblant à peu près toutes, entouraient la nôtre : c'étaient des barques mandarinales, et l'usage du quai leur était spécialement réservé. Dans toutes les grandes villes, il y a ainsi, sur une rivière ou sur un fleuve, le *kouan-ma-t'o* ou quai mandarinal. Il est interdit aux bateaux vulgaires d'y venir.

L'embarcation la plus voisine de la nôtre se couvrait de bannières et d'oriflammes ; elle attendait un général tartare, prêt à quitter la ville de Tchong-kin.

On ne s'était pas aperçu d'abord, à notre arrivée, qu'il y avait deux Européens dans la jonque. Mais les bateliers ne manquèrent pas de semer ce bruit dans les groupes :

« Vous savez, il y a là dedans des *si-ian-jen*[1]. »

La nouvelle se répandit vite.

« Venez voir ces diables d'Occident en habits d'Européens », disaient les uns.

« Allons regarder ces cheveux rouges[2] », proposaient les autres.

Ce n'était pas pour eux le moindre attrait. Tous se hâtaient, afin d'apercevoir nos chevelures. Car un blond et même un châtain sont des êtres si rares en Chine que je n'en ai jamais vu pendant mes six années de voyage à travers ce pays. Une seule fois je rencontrai une paire de beaux yeux bleus; ils appartenaient à une jeune montagnarde du Fo-kien; mais elle avait les cheveux d'ébène. L'idéal pour la barbe et les cheveux étant la nuance du jais le plus pur, les Chinois rient beaucoup de nos flavescences. Ils passent encore à la rigueur une tête blonde à un homme ou à un enfant; mais une dame blonde! une jeune fille aux cheveux d'or! Cela les ferait

[1] Européens.
[2] *H'ôung-mao.*

pâmer de joie, et ils s'en donnent de rire à la vue d'une difformité pareille!

Les habitants de Tchong-kin étaient donc bien curieux de nous voir, d'autant plus qu'il ne leur tombe pas souvent des étrangers.

En quelques instants le quai s'était empli de foule : les femmes amenaient leurs enfants, les hommes allaient frapper chez leurs parents, chez leurs amis. Et tous ensemble se pressaient sur le bord du fleuve, montaient sur les barques, enfonçaient leurs doigts dans les vitres en papier de nos cabines.

Cependant, nous voulions sortir, pour aller prendre une idée du *Koung-kouan*, « maison des mandarins de passage », que nous devions habiter. Les gens du *pa-shien* écartèrent tout ce monde : on nous fit place.

Demain, nous serons installés, et nous quitterons la barque dans laquelle nous sommes demeurés deux mois.

VII

TCHONG-KIN

Les rues de Tchong-kin. — Le Temple de la vertu. — Panorama de la ville. — Les champs de tombeaux. — Arc de triomphe. — La statue mystérieuse. — Confucius; Lao-tze; les religions de la Chine. — Un intérieur de famille. — Dispute de femme. — La mariée chinoise. — Le jardin des Roses. — Cuisine Tchong-kinoise.

Dès le matin, nous fîmes débarquer nos malles; nos chiens eussent occasionné une émeute dans la ville, si on les avait vus marcher : ils furent portés dans des paniers.

Le sous-préfet nous envoya deux chaises à quatre porteurs. Ces palanquins sont élégants et commodes; pour les mandarins de première classe ils sont en drap vert, en bleu pour ceux de deuxième. L'intérieur des nôtres était capitonné de satin rose; au-dessus brillait une boule d'argent.

Nos porteurs gravirent d'abord de hauts escaliers : l'eau était basse, et pour parvenir dans la ville il fallait beaucoup monter. Nous avions une escorte que le *pa-shien* avait eu l'obligeance de nous donner : nos bagages suivaient, accrochés à des bambous que portaient les coolies.

En quittant les marches, nous voici dans une des rues principales de Tchong-kin. Les dalles de pierre sont noires et sales; au milieu roule une fange liquide avec des odeurs de relent; les immondices se tassent devant les portes ou dans des coins. A toutes ces vapeurs suspectes, des cuisines en plein vent mêlent leurs effluves; sur des fourneaux de terre cuisent les gâteaux à l'huile de sésame et les *ouo-ouo,* sorte de mixture de farine et de viande hachée; des mendiants loqueteux, noirs de crasse, se chauffent les mains aux brasiers.

Les magasins nombreux se touchent : une boutique de médecine porte en exergue cette légende ambitieuse : « *Ici on trouve le remède à tous les maux* » ; une autre a pour enseigne des cornes de cerf, qui entrent ici dans beaucoup de compositions médicales, et l'on y voit appendues des racines de *fou-lin,* qui contiennent une chair blanche très-employée dans toutes sortes de drogues chinoises.

Sur tous ces objets et sur d'autres encore flottent des lambeaux écarlate, pour tirer l'œil.

Dans quelques endroits, on tresse des malles de canne, à la vue des passants; on forge de grandes serpettes, dont s'arment les gens des montagnes; puis s'ouvrent des fumeries d'opium et des maisons de thé [1].

Toute la rue est pleine de monde. Ils ont un tel respect du palanquin mandarinal qu'ils s'écartent vite, ôtant leurs chapeaux d'écorce et déroulant leurs nattes : nos soldats aident à ce mouvement en appliquant quelques coups de bâton sur les épaules des retardataires.

Nous sortons de là et débouchons sur une vaste place toute couverte de maisons de bois : c'est comme une ville en petit dans la grande. Elle sert de Champ de Mars, mais seulement à l'époque de la revue solennelle faite tous les six ou sept ans par le *kian-kiun* [2].

[1] Les maisons de thé sont les cafés de la Chine.
[2] Maréchal tartare.

Les Tchong-kinois, pensant qu'ils avaient là un terrain d'un usage peu fréquent, ont résolu de l'utiliser dans les intervalles. Ils l'ont loué à des vendeurs de toiles et de cotonnades, et le champ de manœuvre est devenu la halle aux bonnets.

La cité que nous traversons, habitée par six cent mille âmes, est une ville de premier ordre et d'une respectable antiquité. Fondée sous la dynastie des *Tcheou* [1], elle fut autrefois la capitale du petit royaume de Pa-kouo; aujourd'hui elle est à la fois le chef-lieu du Tchuen-tong [2] et du département qui porte son nom. C'est la sous-préfecture du *pa-shien :* sa juridiction s'étend d'orient en occident, sur une longueur de vingt-huit lieues et une largeur de vingt-quatre. Vers la fin de la dynastie des Ming, Tchong-kin fut occupée par le fameux Tchang-hien-tchong, qui ravagea presque tout le Se-tchuen et le couvrit de ruines. La ville fut en partie reconstruite, la troisième année du règne de l'empereur Kang-

[1] 1077 av. J. C.
[2] Se-tchuen oriental.

shi ; mais ce n'est que dans la vingt-cinquième année du règne de Kien-long [1] qu'elle releva ses murs tels que nous les voyons maintenant.

Son port a le mouvement commercial le plus considérable de toute la Chine occidentale. On en exporte une grande quantité de soie, par pièces de différentes nuances et qualités, dans les provinces du Chen-si, du Kan-sou et surtout du Yu-nan, qui en manque le plus ; l'élève des vers à soie et le tissage sont la principale industrie des environs.

J'ai tenu à visiter plusieurs soieries : on y fait des crépons couleur chair, excellents en qualité et en beauté ; les métiers, mus avec le pied, ressemblent assez à ceux de nos tisserands d'Europe. La soie du Se-tchuen est supérieure même à celle du Tche-kiang, bien qu'à première vue elle paraisse moins belle.

Dans les montagnes qui entourent la ville, on trouve beaucoup de chevrotins porte-musc ; le sel odorant de leur poche est pour Tchong-kin

[1] 1760 de notre ère.

l'objet d'un assez grand commerce; on en exporte par an de toute la province quatorze piculs, pour cinquante-neuf mille taëls [1].

Avec le musc arrivent encore des environs, dans la ville, la rhubarbe, les médecines, la cire blanche, les huiles diverses.

Le coton est un produit d'importation : il vient du Chen-si. Nous en avons remarqué un grand déballage au moment où nous quittions le port.

Il y a à Tchong-kin beaucoup de grands négociants originaires des huit provinces voisines : ils y forment différents corps, suivant les régions d'où sont venues leurs familles, et chacun a son lieu de réunion observant des lois spéciales pour le commerce.

D'après l'histoire de la ville, c'est sous les premiers souverains de la dynastie actuelle que se sont faites ces migrations. Le féroce Tchang-hien-tchong avait désolé le Se-tchuen et changé ses villes en solitudes. Pour le repeupler, un édit impérial contraignit beaucoup de familles

[1] 425,000 francs

des provinces environnantes à s'y fixer. La plupart d'entre elles, qui choisirent pour demeure la ville et l'arrondissement de Tchong-kin, sortaient du Hou-pé et du Hou-nan; aussi observe-t-on de grandes analogies entre les mœurs et usages des habitants de Tchong-kin et ceux de ces deux provinces.

Tous ces détails m'ont été fournis par des documents authentiques, que j'ai consultés dans les bibliothèques mêmes de Tchong-kin.

Il nous avait fallu plus d'une heure pour arriver jusqu'à l'habitation où les autorités du pays nous logeaient, et où nous allons demeurer un mois.

Ce *koung-kouan* préparé pour nous par les mandarins portait le nom particulier de *Ngai-te-tang*, « Temple de la vertu ». C'est certainement la plus belle maison et la mieux située de la ville. Elle est très-élevée, à l'abri de l'humidité, ce qui est une exception et un bonheur.

Les autres maisons de Tchong-kin, petites et basses, sont exposées à cet inconvénient, qui les rend peu agréables à habiter.

L'entrée s'ouvre contre les murs des remparts. Après le vestibule des palanquins et la chambre du lettré, un escalier à droite descend dans le jardin, sur un des côtés duquel est le principal corps de logis. Il se compose, au rez-de-chaussée, d'un *ko-ting* ou salon d'été, ouvert à tous les vents et contigu à deux autres pièces ; au-dessus règne dans toute la longueur de l'étage la grande salle de réception, qui communique presque de plain-pied avec le couloir d'entrée. Elle est aveuglée du côté du jardin par la toiture en éteignoir qui projette un vaste auvent de tuiles au front du salon d'été; des piliers de bois vernis rouge, surmontés de moulures d'or et plantés sur des socles ronds de marbre gris, soutiennent cette vérandah et font figure de portique.

Au fond du *ko-king* se dresse un large siége de bois noir, très-haut : c'est une espèce de canapé chinois à deux places, supportant une petite table où l'on pose les tasses de thé, et qui sépare le maître de maison de son invité principal. La place d'honneur est à gauche de celui qui reçoit.

Dans toutes les maisons, ce meuble est placé vis-à-vis de la porte, afin de ne rien perdre de ce qui se passe dans le jardin ou dans la cour du logis.

Les murs sont décorés de quelques images sans perspective, sur gaze de soie; elles représentent, l'une, un bon vieillard appelant à lui le bonheur, que figure une chauve-souris; d'autres, une série de dieux à face terrible.

Devant le salon s'arrondit le parterre, avec des rangées symétriques d'arbustes et de fleurs. Dans d'élégants vases de faïence blanche à personnages en relief sont de beaux camélias de nuances variées, des *lan-hoa*, petites fleurs blanches au parfum exquis, de la famille des tulipes, et dont un seul bouquet suffit pour embaumer un appartement; deux pêchers qui semblent posés à l'envers, les branches menaçant les vases comme s'ils avaient la tête en bas et la racine en l'air; plusieurs petits tamarins auxquels les jardiniers chinois ont donné la forme et la tournure des *pa-keou*. Les *pa-keou* sont des chiens de Pe-kin, aux grands yeux ronds hors de l'orbite, aux oreilles longues, aux pattes tordues.

Dans ces pays, on le voit, les fleurs comme les fruits sont précoces ; le mois de mars a toutes les floraisons de l'été.

Les deux pièces qui communiquent avec le *ko-ting* deviennent nos chambres ; nous y installons les petits lits de camp qui nous suivent depuis Han-keou. Elles sont tristes, obscures, ne recevant un peu de jour que d'une fenêtre à carreaux de papier. Nous regrettons presque notre barque.

Sur le devant de la maison, près de la grande porte d'entrée, il y a la cuisine et les appartements du lettré et des domestiques. Ils étaient une dizaine, porteurs de palanquins et *ken-pan-ti* [1], donnés par le sous-préfet. Il y avait, pour commander à tout ce monde, un gros major-dome proprement habillé de gris. Il se tenait droit comme un I, les bras pendants, et avançait au moindre signe. Nous voulions une chose : « *Cheu!* » faisait-il, et sur-le-champ notre

[1] Suivants.

ordre était exécuté avec une intelligence et une rapidité remarquables. Il ne faisait rien par lui-même et ne disait jamais un mot autre que : « *Cheu, cheu*[1] ! » Je lui aurais demandé la pantoufle de To-mo, qu'il aurait répondu bravement « *Cheu*[2] ! » On lui obéissait vite, car à la moindre hésitation il faisait pleuvoir, aussi prompts que ses « *Cheu* », des coups de bambou.

Le climat de Tchong-kin est détestable : il y pleut presque toute l'année. Nous n'eûmes que quelques rares jours de soleil. Quand le temps nous empêchait de sortir, nous causions avec notre lettré et avec deux ou trois mandarins qui nous venaient visiter assez souvent. Nous passions des après-midi à regarder par les fenêtres, dans la vaste pièce au-dessus de nos chambres dont nous avions fait notre salle de réception.

1 Oui, oui.

2 Une légende chinoise veut que saint Thomas ait abordé en Chine en marchant sur les flots et tenant en l'air sa chaussure. On le représente parmi les dieux du pays sous le nom de *To-mo*, avec une figure européenne, debout sur une vague et un soulier dans la main.

De là, on dominait toute la ville. Un fouillis de maisons, descendant graduellement, formait un horizon bizarre de toits retroussés, en petites tuiles recouvertes d'une mousse noirâtre : quelques-uns s'ouvraient en terrasse, et l'on y voyait tendues des loques bleues ou blanches. Les larges corniches des pagodes, aux briques de couleur, éclataient çà et là. Vers le milieu de la ville, une espèce d'entonnoir se creusait parmi ce flot de toitures, qui se relevaient ensuite suivant la courbe du *Pa-chan*, colline jetée en travers de Tchong-kin ; sur l'arête se tenait une tour en équilibre. Il me fut dit que la nuit on y plaçait des sentinelles, pour veiller au feu et faire tonner le canon d'alarme en cas d'incendie. A ce signal, les *h'opin* (sapeurs-pompiers) accourent pour porter secours.

De tous les côtés la vue est magnifique. Si nous allons à une autre croisée, nous voyons serpenter les eaux claires du Kia-lin-ho, roulant sur un sable doré, et à quelque distance se grouper la ville de Kiang-pe-ting, en dos d'âne sur un rocher, au confluent de cette rivière et du fleuve Bleu. Le Kia-lin-ho descend du Kan-sou en traversant le nord du Se-tchuen.

En changeant de fenêtre encore, nous découvrons derrière les murs un spectacle d'un autre genre. Ce sont des milliers de tumulus. Ils se touchent tous ; les collines au nord de la ville en sont couvertes. Aussi loin que peut s'étendre la vue, des tertres s'élèvent, avec des pierres blanches où sont gravées des inscriptions.

Les tombes ne sont pas toutes les mêmes en Chine ; dans le nord, elles sont généralement entourées d'arbres. Toute famille nombreuse a son *feun-ti* [1]. Dans le Fo-kien, les tombeaux sont en fer à cheval ; un demi-cercle de cette forme entoure tous les sépulcres de la famille, rangés à la file. On enterre partout, et toujours une tombe nouvelle se creuse pour un nouveau mort ; il semble que la Chine soit un vaste cimetière. J'ai entendu dire qu'on anéantissait les vieilles tombes à chaque changement de dynastie.

[1] Cimetière.

Tombeau d'une famille riche, à Fou-tcheou.

Tels étaient les différents tableaux qu'on apercevait de notre salon du premier étage.

Un jour que le ciel s'était un peu éclairci, nous reçûmes dans cette salle un jeune homme, l'ami et le lettré du fils du *tao-taï*, « le vieux monsieur Wen » ; nous nous étions souvent entretenus avec lui de Tchong-kin, des mandarins et des usages de la Chine.

« Nous avons dans nos murs, dit-il, vingt à trente pagodes ou monuments. Voulez-vous que nous profitions du beau temps et que nous allions faire un tour par la ville ?

— Très-volontiers », répondis-je.

Et nous montons en palanquin.

Nous traversons un labyrinthe de rues étroites et sales. Une voie dallée de pierres blanches, aux maisons espacées, assez déserte, sans boutiques, et ressemblant à une route, se présente ensuite. J'y suis arrêté par un monument singulier.

Des colonnes géminées de forme carrée et étroites figurent à quelque intervalle deux potences : dans le haut de chacune, des bandes de pierre découpent un carré où sur une large plaque on lit des caractères sacrés. Une ligne de marbre sculpté relie les deux potences dans leur partie supérieure, et par-dessus le tout est jetée une longe frise, toute gravée de figures et d'animaux.

Des corniches de pierre et une curieuse superposition de nouvelles frises, de cartouches, de marbre aux dessins en relief, de statues de mandarins dans des chambres à jour, de colonnettes torses, de broderies, d'inscriptions, de figurines, s'échafaudent en une sorte de portique grêle, évasé, où n'entrent que deux éléments, le marbre et la pierre, et que surmonte une flamme de granit.

Nos porteurs s'étaient reposés là quelques minutes.

« Vous êtes surpris de la richesse de cet arc de triomphe? me dit M. Wen, et vous n'êtes pas éloigné de penser qu'il fut érigé en l'honneur de quelque victoire? Eh bien, vous vous tromperiez. Il est dédié à une veuve fidèle à la mémoire de son mari, et qui fut un modèle de piété filiale envers les parents du défunt. »

Nous repartons, et nous allons dans un autre

quartier voir la grande pagode de *Ouen-miao.*

L'architecture en est la même que celle des temples chinois que nous connaissons. Qui a vu une pagode les a vues toutes : nous ne fatiguerons pas le lecteur inutilement.

« C'est dans tout l'empire le seul sanctuaire qui possède une statue de Confucius », me dit mon compagnon.

J'étais curieux de contempler les traits du grand philosophe. Nous entrâmes. Je me trouve subitement entouré d'une quantité d'énormes Bouddhas dans toutes les postures et de toutes les formes. Les uns me foudroyaient avec des regards féroces, les autres me menaçaient d'un couteau; d'autres levaient la main pour me maudire. J'étais le téméraire profane contre qui semblaient s'amonceler toutes les colères des dieux.

« Où donc est la statue? » demandai-je. — Le bonze resta un moment silencieux.

« Les Bouddhas jaloux, pensai-je, l'auraient-ils dérobée exprès à mes regards? »

Mais le prêtre chinois me dit :

« Elle demeure enfermée. Nul ne la souille des yeux. Elle repose dans le trésor, qu'elle rend plus riche. »

Je dus me retirer sans avoir contenté mon désir.

Cette statue voilée qui reste inconnue et mystérieuse, et dont personne ne peut soulever le rideau, cachée et redoutable, plongée dans la nuit, mais éblouissante peut-être, n'était pas sans causer une impression de grandeur. Je me suis laissé dire pourtant que le motif pour lequel on en interdit l'accès est assez peu sérieux. Confucius, paraîtrait-il, est dépeint dans les livres sacrés si difforme de taille et de figure qu'on a défendu de le représenter, en dessin ou en buste, de crainte que le sublime docteur ne prêtât à rire. Le mandarin Tchang-tsong, du temps de la dynastie des Ming, fit la statue qui est dans ce temple, et fut dépouillé de son grade pour cet acte impie.

Nous visitâmes encore le Tchang-ngan-se (le « Temple de l'éternelle paix »), où ont lieu les assemblées des diverses sociétés et corpora-

Un *pay-léou* ou arc de triomphe élevé en l'honneur d'une veuve, à Tchong-kin.

tions de la ville, et même de tout le Tchuen-tong. Cette pagode renferme de vieux fusils en quantité, des lances, des canons rouillés : c'est l'arsenal ; on y garde les armes pour la défense de Tchong-kin contre les rebelles.

Je terminai ma promenade par une visite à l'évêque. On m'avait dit qu'il habitait un superbe palais et menait une vie luxueuse : j'ai constaté par moi-même la fausseté de cette allégation. Mgr Desflèches nous reçut au *Tchen-ieun-tang* [1], dans une maison chinoise de modique apparence, basse, humide, à peine habitable : sa chambre était petite et nue ; une table de bois blanc, un casier pour ses livres, quelques chaises, et pour lit une planche sur deux bancs : tel en était le mobilier. L'évêque et les missionnaires mangent tout à fait à la chinoise.

J'allais fréquemment visiter, pendant mon séjour à Tchong-kin, ces courageux Français qui ont accepté de vivre dans ces lointaines contrées pour y planter la foi comme un étendard. Les missionnaires comptent dans la ville près de

1. Résidence des missionnaires catholiques.

quatre mille chrétiens. Il n'y a qu'une centaine de familles mahométanes. Mais la tâche des prédicateurs de l'Évangile est ingrate. Le peuple qu'ils ont entrepris de convertir à une religion pure et spiritualiste est plongé dans un scepticisme désolant ou dans une superstition grossière. L'incrédulité des riches est trop favorable à leurs vices pour qu'ils songent à en sortir. L'ignorance des pauvres est trop profonde pour qu'ils s'élèvent aux vérités idéales et immatérielles de notre théologie.

La Chine entière aurait été chrétienne avant aucune nation de l'Europe, si les disciples de Jésus-Christ s'étaient d'abord dirigés vers elle.

Pendant que l'Olympe païen abusait l'Occident de ses fables, un culte patriarcal pour le Dieu unique et tout-puissant dressait ses autels de gazon sur les bords des grands fleuves chinois.

Les livres canoniques, le *Chou-king* et le *Li-ki,* nous peignent des tableaux qui rappellent les calmes pastorales de la Bible. Ne sont-ils pas eux-mêmes, avec la différence qui sépare l'œuvre des hommes de l'œuvre divine, une

Bible chinoise ayant sa grandeur simple et vraie? Nous y voyons les anciens empereurs offrant des sacrifices au Dieu qui préside au gouvernement des États, qui punit et récompense. L'impératrice Loui-tsou élève des vers à soie dans son vaste enclos rempli de mûriers; elle-même récolte les cocons de ses mains; puis les dames de cour trempent leurs doigts fins dans l'eau bouillante et filent la soie des broderies sacrées qu'elles offrent au temple. Plus tard, des monuments splendides surgissent en l'honneur de ce Dieu dont le nom même exprime combien il est au-dessus des trônes de la terre : *Chang-ti*, « suprême Empereur ». Ce nom est écrit sur des tablettes au fond d'un tabernacle entouré par les verdures éternelles des symboliques cyprès.

Les illustres philosophes dont la gloire s'est imposée à l'Europe même vinrent ensuite après les longs siècles de cette tranquille et naturelle religion. Leurs œuvres sublimes, la lumière que versait à flots leur raison, éveillèrent autour d'eux des tumultes de pensées : la guerre acharnée des intelligences, le combat des systèmes commencèrent. Ces luttes ont leurs morts : ce sont les âmes atteintes par le doute, qui vont, les yeux fermés, tomber dans la négation incrédule ou dans la croyance superstitieuse.

Kon-fou-tze[1] enseignait une sorte de naturalisme : sa morale est appuyée sur l'amour d'une conformité harmonique avec l'ordre de la nature. Sa doctrine presque positiviste ne monte jamais vers le surnaturel. Lao-tze, au contraire, fixait d'abord ses yeux vers la Raison primordiale qui a enfanté le monde[2], vers cet Être qui, avant la naissance du ciel et de la terre, « existait, immense et silencieux, immuable et toujours agissant : la mère de l'univers... » ; il apercevait dans ses visions les génies et les démons, et le trinaire à qui se rattache la chaîne des êtres.

[1] Confucius vint au monde cinq cent cinquante et un ans avant J.-C., sous le règne de Ling-vang, le vingt-troisième empereur de la dynastie des Tcheou.

Il naquit dans une bourgade du royaume de Lou, qui fut depuis la province de Chan-tong. Cinquante-deux ans après lui était né Lao-tze, l'enfant-vieillard, ainsi appelé parce que, d'après la légende, il vint au monde avec des cheveux blancs et la raison d'un vieillard.

[2] V. Lao-tze, *Livre de la vie et de la vertu*.

Les disciples de ces deux sages dénaturent les théories de leurs maîtres. Ceux de Koń-fou-tze deviennent panthéistes, puis athées; ceux de Lao-tze, qui se font d'abord nommer *tao-sse*, ou docteurs de la raison, se vouent à l'astrologie et à la nécromancie.

Cependant une troisième doctrine fait irruption dans les esprits : les bouddhistes [1], vaincus par les brahmanes, se répandent en Chine. Leur religion à pratiques et à représentations matérielles fait rapidement la conquête du peuple. *Fô* a ses pagodes, chaque jour plus nombreuses, peuplées de bonzes et de bonzesses.

Ce fut alors une floraison touffue de sectes et d'écoles, de chapelles et de temples s'épanouissant sur tout le Céleste Empire. Des milliers d'idoles sortirent de je ne sais quelle nuit, et vautrèrent dans la pourpre sacerdotale leurs nombrils énormes où s'ouvraient des lotus.

[1] Bouddha, né vers 960 avant J.-C. Bouddha (être supérieur) ou *Chakia-moun* (« pénitent de Chakaia ») prêcha l'égalité aux Hindous. Les brahmines, qui profitaient de la division en castes, expulsèrent ses sectateurs. Les Chinois l'appellent *Fô*, transcrivant incomplétement son nom.

A côté des Bouddhas lourds aux trompes d'éléphants apparaissaient dans les sculptures des portiques les formes anguleuses des gnomes ou des salamandres, et sur le basalte des pylônes étaient semés des essaims de larves ténues. Dans une crypte de son palais, fermée aux génies lumineux du jour, Vou-ti [1], les regards fixés sur la coupe magique, y contemplait l'image enchanteresse de l'impératrice morte, mouillant d'heure en heure ses lèvres au breuvage d'éternelle vie [2]. Autour de lui, les *tao-sse* sacrifiaient le poisson, le porc et la poule, et sur des tables magnétiques des pinceaux mus par d'invisibles mains écrivaient l'avenir ; des esprits nocturnes dansaient à califourchon sur des squelettes, au milieu des enchantements et des prestiges.

Les progrès du positivisme de Kon-fou-tze chassèrent peu à peu les devins et les nécromans de la cour et des classes élevées. Lentement, à

[1] Sixième empereur de la dynastie des Han, cent dix-sept ans avant J.-C.

[2] *Tchang-seng-yo*, « médecine d'éternelle vie ». Les *tao-sse* prétendaient avoir trouvé ce moyen de prolonger l'existence humaine, ainsi que la pierre philosophale.

travers presque autant de siècles qu'il en a fallu au dogme chrétien pour dissiper le paganisme, la philosophie déchirait les brouillards de la fausse magie et du bouddhisme. La superstition se repliait sur les masses. Mais si elle éclaire l'âme des lettrés, la doctrine de Kon-fou-tze ne leur inspire point d'idées religieuses.

Le philosophe du royaume de Lou détruit tous les mystères. C'est lui qui explique l'insondable Ly-king, où Fo-hi, avec deux lignes, avait composé les soixante-quatre figures des propriétés de chaque être [1]. Rien d'inexploré pour lui, mais aussi rien de divin pour ses disciples. Les lettrés sont devenus matérialistes. C'est à peine s'ils admettent l'existence du *Li*, d'un principe qui anime le corps, mais qui ne peut subsister quand le corps perd la vie. Ainsi la table ou le siége ont leur *li*, jusqu'à ce que la forme de table ou de siége soit anéantie; ainsi

[1] Fo-hi est le fondateur présumé de l'empire. Les deux lignes représentent, l'une, le parfait *Yang*, —; l'autre, l'imparfait *Yn*, — —. Par la combinaison de ces signes, il avait représenté en hiéroglyphes l'eau, la terre, le feu, etc. On prétend trouver dans ce livre l'origine des caractères chinois.

s'évanouit le *li* d'un glaçon quand il est fondu par la chaleur. Que leur importent d'ailleurs les vérités spéculatives? La science de vivre en paix, grassement, dans la quiétude, les honneurs et les paradis de l'opium, leur est suffisante. L'empereur Yong-tching [1] ne leur a-t-il pas fait des commmentaires qu'ils doivent lire au peuple, et où le trône prêche à ses sujets l'éloignement de toute religion?

Un pareil enseignement a porté ses fruits. Toute créance aux choses de l'âme s'est affaissée. Mais l'invincible besoin de croire pèse sur l'ignorance de la foule et lui fait accepter encore les supercheries des magiciens et des bonzes : les pagodes sont florissantes et somptueuses; chaque jour elles s'enrichissent d'un nouveau dieu, qu'il soit de l'ordre des insectivores ou de l'espèce canine. On y vient de toutes parts tirer le *pa-coua* (sort) dans des cornes pleines de bâtons plats à chiffres énigmatiques que la bonzerie sait interpréter moyennant finance. On consulte

[1] Il régnait en 1733.

les aveugles diseurs d'horoscopes qui s'arrêtent de porte en porte jouant du téorbe. Les mœurs sont basses et viles. Pas une idée, pas un sentiment pour relever les âmes gangrenées par les lèpres morales, engourdies dans les misères physiques.

C'est qu'il manquait aux doctrines des philosophes un principe qui fait défaut aux œuvres des hommes, un principe divin que seul Jésus-Christ avait prêché : la charité. Les missionnaires ont traversé les mers pour l'apporter aux Chinois. A la sagesse humaine, impuissante, orgueilleuse, égoïste, ils ne sont pas venus opposer de nouveaux systèmes, des controverses stériles ; ils n'ont prononcé qu'un mot, celui qui a racheté les esclaves, celui qui a fait la civilisation moderne : « *Aimez-vous les uns les autres.* »

Pour nous, l'avenir de la Chine est dans cette parole. Le jour où elle aura compris notre religion, le scepticisme, les mœurs sensuelles, le mépris des lettrés et des administrateurs pour le peuple, toutes les causes d'immobilité disparaîtront. L'idée de l'âme est morte en Chine. Le christianisme la ressuscitera, et avec elle renaîtra le Céleste Empire.

Les missionnaires, par un jour de ciel bleu, voulurent me montrer les environs de Tchong-kin : je partis avec deux d'entre eux pour une promenade de cinq à six lieues au nord de la ville. C'est un pays de montagnes, très-habité, bien cultivé partout. La route que nous suivîmes était dallée, comme toutes celles du midi de la Chine, de grands pavés en pierre blanche. Nous devions rester dehors quarante-huit heures.

Après une demi-journée de marche, notre chaise nous déposa devant une vaste habitation de riche presque en ruine, du nom de *cha-pin-pa*. Nous pénétrâmes par une enfilade de cours dans un immense jardin qui renfermait des arbres de toute espèce, grands et petits, de très-beaux bassins et quelques kiosques.

La pièce où l'on servait à manger s'ouvrait sur une salle de théâtre. On voyait encore l'emplacement de briques où avait été la scène, vis-à-vis des convives, qui pouvaient jouir de la représentation durant le repos. Ainsi, au moyen âge, nos châtelains, dans de riches dîners, amusaient par des jeux d'acteurs et de machines les invités à qui ils voulaient faire honneur; les vieux chroniqueurs qui les mentionnent parlent avec enthousiasme de ces *entremets* célèbres à l'époque de l'enfance du théâtre.

Le soir, nous couchâmes dans une maison indigène.

Ces habitations chinoises ont invariablement leurs portes et leurs fenêtres au sud. On n'y pratique jamais d'ouverture à l'ouest, à l'est ni au nord; l'œil-de-bœuf même n'existe pas. Il paraît que dans les villages surtout on redoute fort les courants d'air.

De petites chambres contiennent des familles nombreuses et sont remplies d'habits et de matelas qui ont perdu l'habitude du lavage depuis des années.

En été, elles deviennent des fournaises qui exhalent une odeur repoussante. Mais chez les Chinois, le principe l'emporte sur l'inconvénient : ce sont là les mœurs et les traditions des ancêtres? tout est dit.

Chez les pauvres, chaque famille n'a généralement qu'une seule chambre; le jour et la nuit, cet appartement sert à tous, à moins qu'il n'y ait des filles déjà âgées. Sur le même lit, souvent sous la même couverture, en hiver surtout, couchent le père, la mère, cinq ou six marmots. C'est presque le *Ki-mao-fan*, cet *hôtel des Mendiants* dont parle M. Huc, et qui abrite cinquante ou soixante dormeurs sous le même drap.

La partie la moins noble du lit est réservée aux enfants : d'ordinaire, c'est le côté le plus éloigné de la porte.

Dans le nord de la Chine, les lits ne sont pas en bois, mais en briques ; ils s'appellent *kan* : pendant la saison froide, on les chauffe par un trou pratiqué au bas de la maçonnerie en forme de four. Cette bassinoire d'un nouveau genre a le désavantage, si le tirage n'est pas bien établi, d'asphyxier en peu de temps toute la famille.

Au pied du *kan*, on dispose une couche de sable fin : les enfants s'étendent là. Cette sablonnière est molle comme du duvet; ils y dorment tout à leur aise, et les parents n'ont plus à s'occuper d'eux.

La nourriture des enfants est ordinairement celle du grand-père et de la grand'mère, surtout s'ils font partie de l'école du hameau; car alors les fatigues de dix heures d'étude en un jour exigent qu'ils soient mieux nourris que le reste de la famille. Les petites filles n'ont pas le droit d'étudier : aussi mangent-elles comme leurs mères, c'est-à-dire un peu moins bien que le grand-papa et la grand'maman.

Quant à l'éducation première, elle est fort simple. Les enfants qu'on n'envoie pas à l'école font à peu près tout ce qu'ils veulent. Mais il est trois crimes contre lesquels la pénalité familiale sévit inflexiblement, savoir : si l'enfant n'a pas ramassé ses deux ou trois sacs d'herbes sèches, ce qui est le chauffage des pauvres; s'il a volé une chose, non pas au voisin, — le péché serait moins gros, — mais à la maison; enfin s'il a manqué en quelque point à la décence. Dans ces trois cas, le petit Chinois reçoit des coups de poing sur la tête et dans le dos.

En revenant à Tchong-kin, le lendemain de notre excursion, nous traversions un village, quand nous fûmes témoins d'un spectacle bien amusant. Une femme se disputait avec plusieurs personnes, et, plantée sur ses petits pieds, qu'on eût dit des sabots de chevreuil, elle trépignait avec frénésie. Enfin, voyant que ses cris ne servaient de rien et que tout le mouvement qu'elle se donnait n'avait pas l'heur de convaincre ses adversaires, elle s'échappa et monta sur le toit de sa maison : de là, elle maudit tout le monde avec un telle furie d'expressions, avec une telle richesse d'injures, que le village effrayé s'enfuit et que les habitants, pour éviter les malédictions, fermèrent leurs portes. — « *Ouan-pa-tane* (« œufs de tortue ») ! criait-elle; *keou* (« chiens ») ! vos mères vous ont conçus dans les immondices ! Que le ciel vous écrase tous ! soyez maudits, soyez maudits ! »

Nous ne pouvons donner qu'une faible idée dans notre langue de l'énergie des métaphores qu'elle décochait.

Mais c'était encore trop peu pour satisfaire sa fureur : il lui fallait des armes palpables. De rage elle se mit à casser des tuiles et à les jeter ; elle aurait démoli sa maison ! Nous la laissâmes isolée sur sa toiture, car les Chinois ont encore plus peur des malédictions que des coups, et ils pardonnent moins ces blessures morales que des contusions matérielles. Je n'ai pu savoir le motif de cette grande colère.

Nous avions à peine perdu de vue cette réjouissante scène, que nous vîmes venir à nous une magnifique chaise rouge. Elle allait chercher une jeune fille en toilette de mariée.

Les Chinoises de bonne famille ne sortent jamais avant leur mariage ; leur fiancé les épouse sans les avoir vues. Voici comment se fait la cérémonie des noces, à laquelle j'ai eu, une fois, la rare faveur d'être admis.

La jeune fille sort de chez elle en palanquin ; on la fait descendre dans la maison de son fiancé, et avant d'entrer dans sa nouvelle famille, elle adresse trois génuflexions aux quatre points cardinaux. Elle se rend ensuite, la tête couverte, dans le *ko-ting*, qui est la meilleure pièce de la maison; là, devant un Bouddha et en présence des parents, a lieu la célébration du mariage. On fait boire du vin aux époux, on leur psalmodie toutes sortes de sentences, on réunit leurs mains et on place dessus un coq en sucre : enfin, on leur souhaite une prospérité de dix mille ans.

Après cela, on passe à la cérémonie des salutations : les parents feignent de se mettre à deux genoux devant les mariés; ceux-ci courent à chacun d'eux pour les en empêcher, et prennent eux-mêmes l'humble posture. Ils en sont relevés, et c'est le moment, si la famille est riche, où l'on glisse dans la main de la jeune fille ou du jeune homme, soit un bijou, soit de l'argent, soit un autre cadeau.

Durant tout ce temps, la femme reste voilée. Après la célébration, on l'a séparée de son mari, et ils ne seront, je crois, réellement laissés ensemble que le lendemain : alors il sera loisible au nouvel époux de connaître enfin les traits de celle qu'il doit aimer.

Immédiatement après les salutations, vient le

repas ; tous les parents et amis sont invités à un grand dîner. La jeune femme y assiste : elle est assise devant une table bien servie, mais il lui est interdit de manger. Il y a plus de vingt-quatre heures que cette pauvre créature n'a rien pris. Deux femmes la soutiennent pour la faire marcher.

Le repas fini, on la conduit dans la chambre nuptiale. Tous les amis l'y suivent. Elle est assise sur le lit, très-bien décoré et entouré des images, des cadeaux, des malles en laque aux arabesques dorées, portant en relief le fameux caractère *chi* (bonheur) et renfermant les habits pour les quatre saisons. Les invités admirent alors les petits pieds, les mains, la figure ; ils regardent, touchent, complimentent.

Est-il permis enfin au mari de pénétrer, après tout ce monde, jusqu'à sa femme, qu'il n'a même pas vue? Je n'en sais rien : le mystère dérobe les heures qui suivent. Mais je crois qu'on le fait attendre encore.

Une mariée, en Europe, fût-elle pauvre, est toujours pourvue d'une dot, ou d'un semblant de dot. En Chine, c'est à peine si on lui donne un habillement de chaque saison. Son apport sera simplement une cuvette de cuivre, deux petits chandeliers en étain, une théière et deux tasses de mauvaise porcelaine. Quand la famille veut se montrer généreuse, elle ajoute quelques pancartes et paysages pour accrocher aux appartements des époux; peut-être même va-t-elle jusqu'à la literie et fait-elle l'effort d'offrir deux ou trois pots où la mariée mettra le musc pour sa chevelure.

Si l'on cherche à faire comprendre aux Chinois quelle criante injustice il y a à traiter leurs filles autrement que leurs fils, ils répondent : « La femme n'est qu'une servante, et ne peut jamais devenir une maîtresse de maison. Son mari doit l'habiller et la nourrir. Si elle avait une propriété, elle perdrait bientôt la simplicité de sa condition. Au lieu d'obéir, elle voudrait commander; elle ne s'occuperait plus de son ménage, de l'éducation de ses enfants; elle ne s'attacherait plus à pourvoir respectueusement aux besoins du vieux père et de la vieille mère de son mari; mais elle irait se mêler des affaires extérieures, deviendrait arrogante et impie. »

Confucius, ce grand philosophe sur le caractère de qui l'on est si peu fixé encore, n'a jamais eu en Chine une réputation de moralité douteuse, bien que des narrateurs français aient voulu la lui prêter, se fondant, disaient-ils, sur la tradition, — la tradition européenne peut-être. Et pourtant Confucius approuva toujours l'usage de ne donner à la femme ni trop de fortune ni trop de liberté ; mais quand elle avance en âge, il veut qu'on ait pour elle la plus grande déférence. Chaque fois qu'il rencontrait une voiture où étaient assises des femmes âgées, il leur cédait le pas. Et aujourd'hui encore il n'est personne, pas même un mandarin de haut grade, qui n'en fasse autant.

Vers les six heures du soir, nous étions de retour au *koung-kouan*, très-satisfaits de notre excursion de deux jours.

Il y en avait déjà plus de quinze que nous habitions Tchong-kin : le temps était beau, presque trop chaud ; dans ce pays de brouillard, la chaleur est trop humide et doit être malsaine.

Nous n'avons pu terminer ici les affaires qui nous ont fait entreprendre ce long voyage ; nous nous verrons obligés, après cinq semaines de séjour, d'aller plus loin et de pousser jusqu'à la capitale du Se-tchuen, à Tchen-tou-fou.

J'avais eu de trop bons rapports avec M. Wen pour qu'il me laissât partir sans m'offrir à dîner. Il m'invita donc à un repas chinois dans un des plus beaux restaurants du pays, et me mena au « Jardin des Roses » (*Koue-hoa-iuen*), en dehors des murs de la ville. Il avait convié avec moi plusieurs jeunes gens, dandys de l'endroit.

A onze heures, nous arrivons tous ensemble au lieu du festin. Nous traversons plusieurs jardins, les uns plats, les autres accidentés, qu'ornent des pièces d'eau avec des rocailles moussues ; on a utilisé les fentes de grandes pierres en y faisant pousser des arbres nains ; des poissons rouges, noirs et blancs, de Pe-kin, à la triple queue et aux yeux de dragon, nagent dans de petits bassins. Nous parcourons ensuite différentes salles : une grande, pleine de magnifiques bronzes et de beaux vases de porcelaine, bleus, rouges, à paysages et à personnages; d'autres renfermant plusieurs petites tables vernies en noir, où de jolis viveurs étaient assis jouant à divers jeux avec de jeunes filles légères.

Dans les côtés du grand corps de logis, de petites salles particulières donnaient sur le jardin. J'entendis des gens criant ensemble, à tue-tête : *Pa-pi-ma!* (« Huit chevaux! ») *Tsuen-tao-leao!* (« Tout le monde est arrivé! ») C'étaient des joueurs de *mora*, jeu italien, connu et pratiqué en Chine dans la classe riche : il consiste à faire deviner, en ouvrant la main, le nombre de doigts qu'on va présenter. Les expressions qui venaient de frapper mes oreilles signifiaient huit et dix, comme dans le jeu de loto on appelle vulgairement le nombre sept *la pipe à Thomas*, et le vingt-deux, *les deux cocottes*. Le perdant est obligé de boire un verre de vin de riz. Les Chinois engloutissent facilement une grande quantité de ce liquide : je ne crois pas ce vin bien capiteux; dans des repas chinois j'en ai moi-même beaucoup absorbé, sans en être nullement incommodé. C'est peut-être la raison pour laquelle il y a en Chine si peu d'ivrognes.

M. Wen fit préparer une table dans l'un des kiosques du jardin. Nous dînions au centre d'une corbeille de fleurs; devant nous était une vasque, entourée d'une balustrade imitant le bambou; nous jetions en mangeant des grains de riz à de grosses carpes.

Pour nous mettre en appétit, on nous servit du thé. Il n'y a pas d'autre apéritif en Chine. Le thé remplace le vermouth; le thé tient lieu de vin souvent; en guise de café, on prend du thé encore, du thé pour liqueur, du thé à outrance!

L'usage a fixé à quatre le nombre des convives qu'une table reçoit. Il arrive ainsi que dans une salle à manger contenant une vingtaine de personnes vous voyez dressées cinq ou six tables, et si vous vous en étonnez, les Chinois vous disent : « Quand nous invitons des amis à dîner, ce n'est pas pour leur servir des mets copieux et délicats : ils ont mieux chez eux à leur ordinaire que ce que nous leur offririons en gala. Nous voulons profiter de leur entretien, recevoir d'eux de bons conseils. »

En effet, quel que soit le nombre des tables, le maître de la maison, tout en faisant les honneurs de la table à laquelle les principaux invités sont assis, veille scrupuleusement à ce que rien ne manque aux autres. Il va même un instant s'asseoir à chacune d'elles et causer avec tous. D'ailleurs, il n'est pas de table où ne soit un ami des plus intimes et comme un suppléant du chef de la maison, prenant sa place, c'est-à-dire le dernier rang, et lui rendant compte de la conversation.

Chaque table de quatre convives a son dîner spécial ; il y a donc autant de dîners que de tables, et le prix d'un seul, pour un mandarin, est d'au moins cent francs. Des grands de l'empire nous en ont offert de trois ou quatre mille francs.

Nous bûmes le vin de sorgho, qui vaut notre trois-six ; on le servit chauffé sur un réchaud de charbon. Puis, lorsque tous les invités, s'inclinant vers l'amphitryon, eurent dit : *Pou-chao-leao !* (« Ce n'est pas peu ! ») celui-ci donna le signal, et à l'aide des baguettes d'ivoire à bouts d'argent, on attaqua les fruits, les gâteaux de sésame et les petites tranches de jambon rance. Et le dîner se poursuivit pendant une trentaine de plats à travers des fusées de questions :

« Est-ce qu'en Europe on connaît ces holothuries? — Y aime-t-on les ailerons de requin? — Votre dessert ressemble-t-il au nôtre? — Mangez-vous aussi des pepins de citrouille? »

Le noyau en est délicieux, mais il faut de bonnes dents pour l'extraire! J'ai remarqué dans le nombre quelques mets excellents qui ne seraient pas déplacés sur une table européenne. Nous fîmes quatre pauses : la première après le vin, la seconde après le dessert, la troisième après les légumes, poissons et viandes, la quatrième après le riz. C'est toujours par là qu'un repas chinois se termine; il y a même impolitesse, fût-on gorgé, à ne pas finir sa tasse de riz, parce que le riz est le mets du pauvre. Durant ces pauses, on fume, on crache, on se mouche, on se remue et l'on parle.

Après le repas, on nous apporta à laver dans une cuvette de cuivre : l'eau est presque toujours bouillante; on y trempe une serviette avec laquelle on se *rafraîchit* la figure. Puis c'est le tour du thé et du tabac. La politesse ne permet guère de boire plus d'une tasse de thé et de fumer plus d'une pipe après le dîner.

Nous nous levâmes de table, et passâmes dans une chambre où il y avait des ustensiles à fumer l'opium. MM. Wen, Lu et Tseou en usèrent. Je voulus en essayer, mais je trouvai que c'était atroce.

Cette partie fine dans le « jardin des Roses » avait duré jusqu'au soir. Il était nuit quand je revins au « Temple de la vertu ».

Nous avons eu pendant notre séjour à Tchong-kin des relations fréquentes avec les mandarins du pays.

Ils avaient achevé, sans le vouloir, de me renseigner sur une foule de choses, observées un peu partout, au sujet de l'administration, de la justice et des lois de la Chine. Je réunis ainsi un ensemble de faits les uns piquants, les autres graves, et je suis heureux aujourd'hui de pouvoir ouvrir au lecteur ma collection, qui va faire l'objet d'un chapitre spécial.

VIII

ADMINISTRATION, JUSTICE, LOIS

Administration et justice : Absence de séparation des pouvoirs. — Tsoug-tou; Tche-shien; Tche-fou. — L'ancienne magistrature. — Fonctionnaires prêcheurs. — La magistrature d'aujourd'hui. — Une fabrique de mandarins. — Manière dont on peut vivre au râtelier de l'empire. — Les bohèmes du mandarinat. — Le quartier du *ya-men.* — Agents subalternes. — Influence des concierges sur la justice.
Procédure : Importance du rotin. — Ce qu'il y a dans les manches du *taï-chou.* — Le crime des témoins. — Héros de la chicane.
Législation : Le *Ta-Tsing-lue-ly.* — Despotisme paternel. — Le mariage d'autorité. — Caractère du droit pénal. — Impôts.

Les Chinois ne connaissent point et n'ont jamais connu le principe fondamental dont se sont inspirées toutes les constitutions modernes, le principe de la séparation des pouvoirs. Chez eux, comme c'est l'usage dans les gouvernements despotiques, tout fonctionnaire est une sorte de *Janus bifrons,* juge d'un côté, administrateur de l'autre. Aussi nous servirons-nous indistinctement de ces expressions, pour qualifier les agents de l'État.

Il n'entre pas dans leur esprit que l'autorité soit divisée. Le madarin qui en est investi a immédiatement les facultés complexes comprises dans les deux classes d'attributions qui sont pour nous l'objet d'une distinction si tranchée : les attributions de l'ordre judiciaire, celles de l'ordre administratif. Les emplois civils ne sont point considérés comme des délégations, comme des mandats définis; ils constituent l'exercice de l'autorité absolue à tous les échelons de la hiérarchie. Pour les Chinois, cette autorité est une, elle ne saurait être divisée. Ils n'ont pas compris encore quelle garantie il y a pour l'indépendance des citoyens dans la séparation des pouvoirs, qui répartit la force publique entre plusieurs personnes au lieu de la mettre tout entière aux mains d'une seule.

On sait que dans aucun pays n'est poussé plus loin qu'en Chine le développement du fonctionnarisme, et que le Céleste Empire n'a pas à nous envier cet avantage. Il ne faudrait cependant pas penser que les pouvoirs respectifs des divers agents sont minutieusement délimités comme en France : il y a bien des charges diverses avec des noms différents ; mais l'usage, les empiétements, l'abus, font beaucoup plus pour fixer les fonctions que des règlements souvent tombés en oubli. La Chine est le pays des à peu près. L'administration et la justice y sont des choses indécises et vagues : il y a souvent confusion de compétences. Là où l'autorité s'impose et n'est point le résultat d'une sage entente entre le gouvernement et le peuple, l'autorité n'a pas de bornes certaines, pas de limites. Elle s'exerce à tous les degrés, sans autres règles que celles que lui donne la moralité plus ou moins grande des individus.

Aussi est-il difficile de caractériser les attributs spéciaux de chaque agent officiel. Être vrai quand on parle de l'organisation chinoise, c'est s'éloigner moins que les autres de la vérité. Nous avons souvent consulté les mandarins avec qui nous avons été en relation ; mais sur tout ce qui les touche ils ont l'habitude de garder un silence prudent.

Seize immenses provinces ayant presque toutes

à leur tête un vice-roi, *tche-taï* ou *tsong-tou*, se partagent les quatre cents millions d'habitants de la Chine. Certains vice-rois ayant la direction de deux provinces commandent à plus d'hommes et de terres que beaucoup de souverains. Ils sont choisis parmi les fonctionnaires les plus expérimentés, et représentent le vieil esprit conservateur chinois. La plupart d'entre eux ont une profonde connaissance des affaires et des institutions du pays, un dévouement passif à la cour de Pékin, une conscience intègre. Pourquoi faut-il que le progrès européen n'ait encore que peu d'amis sur ces demi-trônes des provinces ?

Le vice-roi a sous ses ordres comme auxiliaires dans l'administration générale, un ou deux gouverneurs, *fou-taï*. Le *fan-taï*, trésorier général, et un *tao-taï*, inspecteur des préfets, complètent cette espèce d'état-major gouvernemental, installé à la métropole de chacune des seize grandes régions.

Au-dessous sont les préfets, *tche-fou*, et plus bas encore les sous-préfets, *tche-shien*. La sous-préfecture est la subdivision élémentaire de l'empire. Deux officiers principaux, parfaitement indépendants l'un de l'autre, y sont investis de l'autorité : un mandarin militaire et un mandarin civil (le mot *mandarin* désigne toute espèce de fonctionnaire non subalterne). Jadis le mandarin militaire avait de nombreuses occupations : c'était lui notamment qui devait surveiller ces guérites et corps de garde espacés le long des routes impériales et dont il ne reste maintenant que des ruines. Mais aujourd'hui il n'a guère plus qu'à commander à douze ou quinze soldats.

Le mandarin civil sous-préfet a un rôle prédominant : par suite de la confusion des pouvoirs, il est tout à la fois, pour les quatre ou cinq cent mille âmes dont se compose souvent une sous-préfecture, juge d'instruction, juge et président de tribunal de première instance, procureur impérial, chargé des affaires civiles et criminelles comme magistrat et comme administrateur.

Il est sous-préfet, mais il est encore tribunal, assises, conseil de préfecture. Il réside toujours dans une ville murée. Souvent telle autre localité est plus importante, à cause de son marché ou de son industrie; mais on ne l'a pas choisie parce qu'elle n'a pas de fortifications qui mettent en sûreté le représentant du gouvernement.

Le *tche-shien* ne pourrait suffire à administrer et à juger les populations de son vaste ressort s'il n'avait des délégués. Quelques-uns pourraient être comparés à nos juges de paix, en ce sens qu'ils connaissent des affaires peu importantes. Ces agents auxiliaires sont nommés *eull'-ia, san-ia, se-ia;* ils séjournent dans les endroits qui leur sont désignés pour poste. Le sous-préfet a la responsabilité de leurs actes et de leurs décisions.

Les petits bourgs ont une sorte de maire nommé par le *tche-shien* et appelé *ti-pao*. Ce fonctionnaire existe aussi dans les villes d'ordre supérieur; mais il est alors chef du quartier, ressemblant assez à nos maires d'arrondissement de Lyon et de Paris.

Comme nous le voyons, on ne pratique pas le système des conseils administratifs, et rien n'est donné à l'élection, tout au choix des supérieurs hiérarchiques. Il n'y a point d'organisation municipale proprement dite [1]. Je m'en suis étonné, car les habitants sont agglomérés plus qu'en aucun autre pays : il y a fort peu de fermes, à cause des difficultés de communication et des dangers que font courir les maraudeurs. De cette cohésion serait certainement né chez une race active un système municipal.

Avant d'entreprendre mon voyage au Setchuen, j'avais souvent insisté auprès d'un mandarin à bouton blanc de Tien-tsin pour qu'il me fît connaître les secrets du recrutement administratif.

Pour se dégager de mes obsessions, il m'envoya un jour de gros livres, en me disant que j'y trouverais ce que je désirais : il y avait là des ouvrages sur le bon gouvernement des princes, et toute une série de ces décrets impériaux dont est composée encore aujourd'hui la législation des

[1] La commune n'a pas de représentants choisis par elle. En général, cependant, les notables exercent en fait une certaine influence dans l'administration, et le mandarin ne fait rien sans les consulter.

Chinois. Mon lettré m'en commença la lecture : j'étais ravi à chaque instant des sages dispositions de ces vieilles lois.

Il est défendu d'élever une personne à la dignité de juge administrateur, non-seulement dans la région où elle est née, mais encore dans la province où un de ses parents aurait déjà un emploi important.

Dans le but d'encourager les lettres, on exigera le grade de licencié pour l'admission au mandarinat. Ces licenciés seront soumis à un concours, et le plus capable aura la charge la plus haute. Que de pays en sont à attendre comme idéal ce qui était déjà en Chine une réalité !

Les mandarins étaient l'objet d'une surveillance incessante et secrète. Tous les trois ans, une commission de familiers impériaux et d'académiciens entreprenait une inspection générale, recevant les plaintes ou les témoignages de satisfaction du peuple, s'informant des travaux entrepris, des réformes exécutées. Un rapport était rédigé qu'on présentait au souverain. Chaque agent était noté bien ou mal.

J'ai su, en écoutant la lecture des antiques originaux de ces pièces, combien la censure était rigoureuse : « Celui-ci, dit le rapporteur, est un homme avide d'argent, dur envers le peuple. » Et d'un autre : « Il est bizarre, brusque, insouciant, lent quand il faut affronter le mauvais temps pour l'instruction d'une affaire. » La faveur ou la disgrâce suivaient de près la visite des commissaires.

Jusqu'au siècle dernier, l'empereur lui-même avait la bonne habitude de sortir ou de voyager incognito en simple bourgeois. Il apprenait de ses yeux si les populations étaient contentes, si les fonctionnaires remplissaient leurs devoirs.

Les lois interdisaient aux mandarins la fréquentation des lieux publics. Se montrer trop souvent à la promenade, avoir trop de relations particulières, chercher des divertissements ailleurs que dans le palais, autant de faits réprouvés et signalant fâcheusement le magistrat. La famine, la sécheresse désolaient-elles le pays, on ne manquait pas d'en accuser l'immoralité du sous-préfet. C'était le ciel qui refusait les pluies périodiques, parce que le *tche-shien* était sensuel, rapace, aimait la bonne chère. Il avait irrité la Divinité par sa mauvaise conduite, lui qui devait donner le bon exemple. En refusant l'eau à la terre altérée, le ciel reprochait évidemment au mandarin de trop boire. La responsabilité morale du pouvoir s'étendait, dans l'esprit du peuple, jusqu'au caprice des nuages ou aux débordements du fleuve.

Les instructions qui sont entre les mains de tous les officiers de l'empire sont très-curieuses. Elles prouvent bien que si l'empereur, l'administration et les populations chinoises ont dégénéré, ce n'est pourtant pas faute de lois, d'ordonnances et d'arrêtés. Chaque *tche-shien* était tenu de réunir deux fois le mois les notables et les lettrés pour leur communiquer les décrets. Souvent même il allait dans les bourgs populeux, et, monté sur une estrade, les jours de marché, il expliquait quelqu'une des seize ordonnances impériales qui résument les grands devoirs de tous, tels que le respect filial, le souvenir des ancêtres, l'union des familles et des villages, l'estime de la vie des champs, la fidélité à payer les contributions, l'horreur des rixes.

Ce fonctionnaire prêcheur rappelle l'âge d'or, et inspirerait une merveilleuse idée du Céleste Empire. Mais depuis longtemps, hélas ! il a disparu. Aujourd'hui, on chercherait vainement sa trace en Chine. Ce magistrat modèle n'existe qu'à l'état fabuleux, et on ne le trouve plus que dans les voyages faits au fond des bibliothèques. Pour nous, qui avons écrit au jour le jour ce que nous rencontrions sur notre route, nous devons à la vérité de dire que la corruption, le désordre ont envahi profondément l'administration chinoise. Nous comprenons maintenant la réserve de notre ami de Tien-tsin. Aurait-il pu nous avouer que ses collègues se livrent à la concussion? Ah! les beaux tableaux que nous aurions faits si nous nous étions fiés à ses gros livres !

Le mandarinat est avili. Nous avons constaté des abus, des trafics, et nous ne craignons pas de les signaler dans ces courtes notes sur les rapports intimes des agents et des tribunaux inférieurs avec les administrés et les justiciables. Car c'est là que nous avons constaté la plaie. Les vice-rois et les mandarins supérieurs ont une situation quasi royale qui les met au-dessus des vexations et des rapines vulgaires; mais chez le commun des fonctionnaires, sans cesse en rapport avec le public, la lèpre de la vénalité s'insinue, et elle ronge l'empire. Le malheur est que personne n'ose le dire. Tout le monde est plus ou moins comme notre mandarin au bouton blanc. Soit par manque d'esprit critique, soit par soumission aveugle, soit par orgueil national, on se laisse voler sans se plaindre; on est battu et content. C'est un des traits saillants qui différencient la race chinoise de la nôtre. En plein dix-septième siècle, Molière n'osait-il pas, par la bouche de Scapin, au grand jour d'un théâtre, dire les vérités les plus dures à la justice de son temps?

Des réformes, le traitement assuré aux employés civils, la séparation des pouvoirs établie, rendraient à la Chine une partie de son ancien développement. Nous lui souhaitons un empereur intelligent et énergique, qui la débarrasse de l'édifice vermoulu sous lequel ses grandes qualités sont étouffées.

Les magistrats ne se forment plus comme autrefois par de fortes études : ils vivaient de longues années dans la méditation assidue des sciences et de la philosophie ; mais aujourd'hui ces moyens de parvenir paraissent surannés. Il faut bien innover par quelque endroit. Les métropoles des provinces, Pe-kin surtout, sont remplies de sociétés appelées dérisoirement *Kouan-hoeï*, « associations de prétendants au mandarinat ». C'est de là que sortent malheureusement une trop nombreuse quantité de fonctionnaires.

Chacune de ces fabriques se compose de vingt, trente ou quarante associés. Ceux-ci se font d'abord agents subalternes des tribunaux ; puis, quand, à force de rapines, des fonds ont été amassés, on réunit ces bénéfices et l'on députe le plus habile des prétendants vers la grande cour des emplois civils, *li-pou*, à Pe-kin. Là on intrigue, on obtient une charge.

Ainsi l'on arrive à l'administration avec des

habitudes dangereuses. Le prix des fonctions est coté : un siége de *tche-shien* représente une facture de deux mille cinq cents à deux mille huit cents taëls; douze cents (environ 10,000 fr.) pour le titre de surnuméraire, et quinze cents pour la sortie du surnumérariat.

C'est dépenser beaucoup d'argent pour avoir un poste qui au premier abord paraîtra peu lucratif. Depuis cinquante ans au moins, il est admis qu'un sous-préfet doit se passer de traitement. Payer un sous-préfet semblerait inconstitutionnel. Mais l'ingéniosité du magistrat adoucit à son avantage les rigueurs de la fortune. Il y a toute une jurisprudence de voies et moyens à employer au profit de la caisse particulière du *tche-shien*.

Le mandarin doit entretenir trente forts poneys au chef-lieu et six dans chacun des bourgs le long de la route postale : à peine a-t-il trois ou quatre rosses efflanquées. Cependant le service des postes ne souffre pas. A l'époque de l'inspection, le commissaire impérial voit les écuries pleines de magnifiques coureurs; mais ce sont les chevaux des propriétaires mis en réquisition qui portent les dépêches et font cette belle figure. Quant aux fourrages de l'État, le *tche-shien* les transforme en taëls. C'est ainsi que le mandarin met du foin dans ses bottes et qu'il entend vivre au râtelier de l'empire.

Qu'une inondation terrible arrive, une remise de taxes est accordée par la cour à la région dévastée. Le sous-préfet n'accourra point sur le théâtre du sinistre ; il prendra le chemin des bourgs les moins éprouvés. Là, il réclame l'impôt, se fondant sur ce que le village a été moins ravagé que ses voisins. Voilà un argent qui ne rentrera pas au trésor. Le désastre servira à faire oublier au fonctionnaire l'arriéré de ses appointements; il faut savoir tirer parti de tout.

Quelquefois le *tche-shien* s'intéresse subitement aux voyageurs : il songe, dit-il, à les mettre à l'abri des coups de main des voleurs qui infestent la route. Sous ce prétexte, il fait creuser par le peuple, sur les deux bords de la voie publique, de larges canaux qu'on emprunte aux champs voisins. Dans l'espoir d'être préservé des malfaiteurs, on accepte gaiement la corvée, on cède volontiers son terrain. Les travaux sont achevés, on s'attend à voir bientôt arriver l'eau qui remplira ces sortes de douves et qui arrêtera les brigands. Mais ce sont les jardiniers de la sous-préfecture qu'on voit paraître. Ils prennent possession des fossés et y plantent tranquillement des ricins dont le produit sera affecté à la caisse mandarinale.

La loi permet de payer l'impôt en lingots de cinquante onces ou taëls. Le *tche-shien* exige qu'on l'acquitte en sapèques. Le taël vaut trois mille sapèques chez le banquier; mais l'administration, de sa propre autorité, l'estime quatre mille, réclame ce chiffre pour chaque taël, et bénéficie de la différence.

L'anniversaire de la naissance du mandarin et même les anniversaires de son frère, de sa mère, de toute sa famille, sont encore journées de recettes pour lui. Tous ceux qui désirent acquérir ou garder ses bonnes grâces s'empressent d'envoyer des cadeaux. C'est encore avec des cadeaux que s'obtiennent toutes les décisions et toutes les tolérances. Offrez, offrez toujours, jamais on ne refusera l'argent, vînt-il des maisons de libertinage, pour masquer la prostitution des enfants et l'esclavage des femmes.

On comprend, en face de pareils faits, que les charges publiques tentent les habitants du Céleste Empire, et qu'ils aient délaissé l'agriculture pour se jeter sur les emplois. Ceux-ci imposaient jadis une vie sévère; ils ne sont plus aujourd'hui qu'un métier, le plus mercantile, mais le plus lucratif de tous. Un nouveau proverbe dit : « Il n'y a que quatre choses pour faire fortune : la magistrature, le service militaire, les emplois d'agents auprès des tribunaux, et le métier de voleur.

Si ces nombreux abus enrichissent le *tcheshien,* d'autres abus l'appauvrissent. Ceux-ci justifient ceux-là, et les uns amenant les autres, c'est sur toute la ligne hiérarchique un effrayant concours d'exactions. Un sous-préfet a au-dessus de lui deux ou trois supérieurs à qui il est obligé d'aller ou d'envoyer offrir ses hommages plusieurs fois par an. La dignité de ces personnages ne permet pas de leur adresser des vœux sans les recouvrir d'or. J'ai connu un agent de deuxième ordre qui ne dépensait pas moins de six mille taëls, ou quarante-huit mille francs, pour ses seules visites du premier de l'an. Il est vrai qu'il n'a pas attendu longtemps une augmentation de grade.

Si le supérieur vient en tournée dans la sous-préfecture, il faut lui fournir des palanquins, des porteurs, des chevaux d'escorte, donner à dîner à toute la suite. On s'estime très-heureux si les gens du dignitaire ne cassent point la vaisselle, ou si le mandarin ne se plaint pas en haut lieu d'avoir été médiocrement reçu.

Dès qu'il est nommé, tous les parents proches ou éloignés du magistrat accourent chez lui et s'installent : c'est l'usage ; on ne peut les éconduire, le respect de la famille serait blessé. Les amis du *kouan-hoeï* qui n'ont pas pu parvenir à un emploi s'abattent aussi sur la sous-préfecture. C'est une véritable nuée d'oiseaux de proie. Il faut trouver une place à ces anciens confrères, véritables bohèmes du mandarinat, pour qui s'habiller *à la mandarine*, fumer l'opium, boire le vin chaud, avoir des secrétaires et autres serviteurs plus intimes, sont choses indispensables. On crée pour tous ces *frères* des fonctions qui leur permettent d'attendre : la surveillance des maisons de jeu et de débauche, la garde des portes de la ville, l'instruction de quelques procès. Parfois on les charge de missions auprès des fonctionnaires de village. C'est une aubaine pour eux : ils sont reçus avec obséquiosité, et le *ti-pao* ne manque pas d'acheter les renseignements favorables qu'ils promettent de fournir moyennant une somme ronde.

Ce stage ne peut cependant faire la fortune de ces malheureux surnuméraires, mendiants plutôt qu'agents officiels. Ils vivent, durant de longues années, dépensant beaucoup, ne gagnant presque rien, empruntant aux usuriers. Une foule de gens finissent par être intéressés à leur nomination prochaine : enfin un jour on affiche à la porte du vice-roi cette promotion à une sous-préfecture, attendue avec impatience. Aussitôt tous les créanciers se mettent en route furtivement et vont attendre le nouveau mandarin à son poste, qu'ils occupent avant lui. Jusqu'à entier payement ils demeureront là. Les six premiers mois d'administration seront durs à passer pour le public, mais plus encore pour le sous-préfet; le public n'a qu'un sous-préfet, le sous-préfet a cent créanciers. Les dettes du surnumérariat sont tenaces : elles poursuivent le malheureux souvent jusqu'après sa mort. On ne recueillera pas dans sa succession de quoi acheter le beau cercueil en laque, dernier privilége des mandarins défunts. Hélas! cette pauvreté ne ressemble guère à celle d'Aristide, et le désintéressement n'en est point responsable.

Nous avons connu des magistrats qui gémissaient de la décadence de l'organisation administrative et judiciaire et tâchaient de la combattre par l'exemple. Ceux-là sont rares, mais ils offrent un spectacle réconfortant : privés de traitement, ils se refusent néanmoins à demander des ressources à l'arbitraire. Le *tche-shien* de Tchong-kin, avec qui nous avons traité plusieurs affaires, était un de ces hommes intègres, rappelant ceux de la vieille Chine. Il était docteur ès lettres, savant et religieux. Il aimait à citer dans la conversation les maximes de Confucius et des anciens empereurs, disant que le serviteur du Fils du Ciel se doit tout au peuple, et qu'il est le père de chaque famille.

J'ai surtout retenu une des phrases qu'il répétait le plus volontiers : c'est la dernière du *Ta-hio* [1] : « Si ceux qui gouvernent les États ne pensent qu'à amasser des richesses pour leur usage personnel, ils attireront indubitablement auprès d'eux des hommes dépravés... » Ce que dit le sage des gouverneurs d'État est vrai aussi des sous-préfets. Les abords de leur tribunal sont semés d'une vermine grouillante d'agents avides et hideux. C'est au palais du mandarin que tout aboutit, les affaires administratives et les affaires judiciaires, puisque le *tche-shien* est à la fois administrateur et juge. Rien n'y aboutit qu'à travers les toiles tendues des *tche-ié,* des *taï-chou,* des *menn'-chan,* des *ou-tsouo*.

Dans la plus petite ville sous-préfectorale du

[1] Ou livre de la *Grande Étude* qui renferme la politique du philosophe Confucius.

Se-tchuen, il y a deux mille cinq cents âmes environ. Les rues sont presque désertes; point de commerce, peu de boutiques. Mais autour du *yamen,* c'est un bourdonnement d'hommes de justice coiffés du *in-mao* [1] noir à franges rouges, un tumulte de recors aux bottes de velours sombre, allant et venant, portant les contraintes. Un coup de canon éclate. Le cortége du *tche-shien* traverse la place au pas de course des porteurs; les tam-tams, les oriflammes, les tablettes peintes s'ouvrent passage dans la foule bousculée. Puis la *ma-kouaï* défile, amenant des prisonniers, la tête pâle, émergeant de la cangue comme placée sur un plateau. La fièvre de la chicane et de la délation secoue ce sombre quartier; un millier d'individus, presque la moitié de la ville, y vivent des procès de tout le district.

C'est là que nous rencontrerons les secrétaires du tribunal appelés *tche-ié.* Ayant une grande pratique des affaires litigieuses, ils conseillent le juge et rédigent ses décisions, ressemblant assez en ce point à nos secrétaires de tribunaux de

[1] Chapeau officiel.

commerce. Mais ce sont des agents vénaux, trompant leurs supérieurs, hâtant ou retardant le jugement des causes, selon les gratifications des plaideurs. Les *tche-ié* ne changent jamais. Les *tche-shien* passent, les *tche-ié* restent, et renseignent à leur guise les nouveaux magistrats sur les personnes et les choses du ressort.

Douze ou quinze *taï-chou* ou écrivains patentés remplacent ici l'honorable corporation des avoués. Ils rédigent les plaintes et actes moyennant finance. La correction et la vigueur des mémoires sont proportionnelles à la fortune des clients. Quand le *taï-chou* compte sur une forte rétribution, il s'assure même la collaboration du *tche-ié*, pour être sûr que la pièce soit agréée favorablement à la préfecture.

Les citations et les ordres du palais sont portés par environ quatre-vingts brigades de recors, composées chacune de huit ou dix membres. Ces agents habitent un édifice réservé à leur corporation, le *Pan-fan-tien* ou « logis des huissiers ». La *ma-kouaï* a aussi son hôtel, le *Ma-kouaï-tien*.

Le corps des portiers et des laquais du magistrat exerce une influence décisive sur le sort des procès. L'astuce et les apparences douces de ces gens sont plus redoutables que la morgue de nos suisses et de nos concierges. A chaque porte du *ya-men*, un valet conducteur reçoit les cartes de visite en papier rouge. A-t-on négligé de les accompagner de sapèques, on est renvoyé avec une formule polie : « Notre humble maître n'est pas digne de l'honneur que vous lui faites. » Les riches du pays payent largement l'amitié de ces gardiens; protégés par eux, ils ont leurs libres entrées auprès du pouvoir et se font craindre de ceux qui envient leurs maisons ou leurs récoltes. Les portiers se font ainsi des revenus considérables; leur fonction de *menn-chan*, quoique basse et servile, devient une charge enviée. On la considère comme un office; le mandarin la vend. J'ai connu un ouvreur de la troisième porte qui avait payé huit cents francs son emploi. Et de plus, chaque année, il agrémentait de cinquante onces d'argent les vœux qu'il offrait au sous-préfet, le premier jour de l'année.

Les simples domestiques ont aussi des procédés fort ingénieux pour extraire de l'argent à l'administré. Ils ont vite profité des leçons du maître. Cette science est la seule monnaie dont on les paye. Quatre ou cinq fois par an, ils vont chez les principaux notables, suivis de présents qu'ils ont renfermés dans des corbeilles fleuries. Ils laissent les cadeaux dehors et font annoncer leur politesse. On leur répond par des enfilades de sapèques, en se gardant bien de réclamer le cadeau. Les corbeilles se remettent en route, stationnant devant d'autres maisons, et rentrent au *ya-men* sans s'être appauvries, toutes prêtes à de nouvelles offrandes. Ces présents, toujours offerts par des gens sûrs qu'on ne les acceptera jamais, ont reçu le nom dérisoire de *kan-ly*, « offrande ambulante ».

Tout près du *ya-men* habitent les médecins, qui ont l'office d'*ou-tsouo*, inspecteurs des corps. On ne les traite point comme attachés à la personne du magistrat : ils sont réputés trop ignorants et trop vils. C'est cependant à eux qu'est confiée toute la médecine légale. Dès qu'une rixe sanglante a eu lieu, ils s'empressent autour des victimes..., mais pour débattre avec elles ou avec leurs parents le prix du rapport qui constatera la gravité des coups et donnera droit aux dommages-intérêts.

Si le blessé est pauvre, l'*ou-tsouo* rebrousse chemin, court vers l'agresseur et se fait payer son silence. Il n'aime guère les noyés et les pendus, parce que leurs familles sont exemptes de toute espèce de frais. Le peuple fait justice de ces praticiens en les classant dans la catégorie des gens de basse condition, avec les marchands de drogues et de cercueils : la classification est excellente, les uns et les autres se complètent.

Les Chinois, les habitants des villages surtout, ont une haine violente contre tous les agents du *ya-men* : ce sont eux qu'ils accusent de ruiner les familles pour le moindre procès.

J'entendis un jour un pauvre diable qui sortait du tribunal ruiné par la sentence du *tche-shien* : « Le mandarin est juste, disait-il ; ce sont les *lao-hou* (« vieux tigres ») et les *ié-jen* (« mangeurs de chair humaine ») qui ont dévoré mon bien! » Il flétrissait de ces métaphores les *tche-ié* et les *taï-chou*.

Le *ya-men* du préfet de Tchong-kin dresse ses pavillons et sa toiture chargée d'ornements au fond d'une avenue de cours ombragées. Trois portes carrées donnent accès dans la salle des audiences. Sur leur fronton en bois verni, un relief d'or : c'est l'effigie du grand justicier *king-in*, le plus impartial des hommes. J'entre ; le *tche-fou* siége sur une estrade. La table qu'il a devant lui est couverte d'une étoffe rouge d'où sortent les pieds noirs sculptés en griffes. Les pinceaux, les godets en marbre où trempent les bâtons d'encre, les parchemins sont rangés sur le tapis. Au milieu, le petit sceptre de plomb à cinq doigts. Derrière le magistrat, des faisceaux de lances garnies de franges vertes, et sur un coussin brodé, un rouleau de soie jaune renfermant le décret impérial qui a conféré son titre au préfet. Des instruments de supplice sont appendus aux murs : les haches, les fouets, les lanières, les semelles de souliers destinées à frapper la bouche des faux témoins. C'est ici que se jugent les affaires civiles comme les affaires criminelles. La présence de bambous et de crocs menaçants paraîtrait étrange chez nous, dans un prétoire où se débattent des questions d'hypothèque ou de succession ; mais elle n'a rien d'étonnant pour les Chinois, car la plupart de leurs procès se terminent par la bastonnade. Ainsi le veut la différence des mœurs : tandis qu'en France, au dire de Figaro, tout finit par des chansons, en Chine tout s'achève par des coups de rotin.

Le mandarin ne monte jamais à la chaise de justice sans être revêtu de ses insignes : sur sa tête le chapeau à bouton bleu, la plume de paon renversée en arrière; autour du cou le collier à cent huit grains d'ambre, symbole de dévouement et de fidélité à l'empereur ; sa poitrine porte le signe de l'autorité : la grue hiératique dont les jambes et le cou grêles se replient en arabesques.

Debout autour du magistrat sont les *che-ié,* les *taï-chou,* les *eull-ia,* les *san-ia,* conseillers, secrétaires, scribes, officiers subalternes. Au bas de l'estrade, les maîtres de cangue et de bambou sont assis sur des bancs réservés. Les prévenus, les parties plaignantes se tiennent à genoux, et c'est en cette posture qu'ils développent leur défense. Le ministère des avocats est inconnu en Chine : l'indépendance de cette profession ne saurait se concilier avec le despotisme mandarinal.

La seconde fois que je me rendis à l'audience, j'étais accompagné d'un *taï-chou* dont j'avais fait la connaissance. Je m'évertuais à lui demander ce qui différenciait la procédure civile de la procédure criminelle. Lui, sans paraître priser beaucoup mes distinctions, me répondait : « Le *fou-mou-kouan* [1] a des pouvoirs absolus sur la personne des plaideurs comme sur celle des accusés. Un voleur a-t-il arrêté quelqu'un sur la route, la nuit, il recevra cinq cents coups de verges ; mais un défendeur est-il convaincu d'avoir empiété sur la terre du voisin qui l'assigne, on le renverra chez lui avec deux cents coups seulement. C'est là une différence... Celui qui doit et qui ne

[1] Père et mère mandarin. C'est le non qu'on donne aux magistrats.

paye point son créancier n'est-il pas aussi un voleur ? Quand il ne se présentera pas après la citation, les huissiers l'amèneront les menottes aux poignets pour être jugé de force...

— Et si en réalité il ne doit rien, vous voulez donc absolument qu'il entende malgré lui le jugement qui déboutera son prétendu créancier ?

— Le *fou-mou-kouan* peut tout. Il renferme en son cœur la justice du ciel. »

Une pareille argumentation était irrésistible. Je n'essayai pas de prouver à mon interlocuteur que la force publique ne devait jamais se mettre au service des intérêts pécuniaires des particuliers. Je le laissai convaincu que la liberté et la personne de chacun doivent être à la merci du magistrat en matière civile comme en matière pénale.

Le mouvement de la marche, secouant les larges manches de mon *taï-chou,* en avait fait sortir petit à petit des liasses de papier de soie griffonné. Un faux pas acheva de les tirer de la poche bizarre où elles étaient enfermées. Elles roulèrent sur les dalles. C'étaient des *tchem-tze*

(« suppliques ») que le scribe avait rédigées, et qu'il allait présenter au préfet. Ce magistrat ne manque jamais de siéger tous les cinq jours, uniquement pour recevoir ces *tchem-tze*. Ce sont des manières de requêtes civiles ou des plaintes criminelles (la forme est identique pour les unes et les autres). Le mandarin se fait fournir séance tenante quelques explications sommaires. Si l'on a eu soin d'appuyer la supplique de bel et bon argent, ce qui vaut mieux que les bons arguments, le secrétaire du tribunal hâte l'affaire. Au bout de sept ou huit jours, on lira sur le *ta-tam*, affiché aux colonnes extérieures du *ya-men*, un avis annonçant la prise en considération. Le magistrat envoie alors lui-même une citation, *tchouan-piao-tze*, au défendeur, pour qu'il ait à comparaître. Si le demandeur a été fort généreux, ou s'il s'agit d'une plainte, le juge ne se contentera pas d'une simple citation, mais lancera une sorte de mandat d'amener, un *kiu-piao-tze*. En vertu de cet ordre, on emploiera la force contre le défendeur ou l'accusé pour le traduire devant la justice.

Quand le secrétaire n'aura pas été satisfait de l'offrande, la réponse au *tchem-tze* ne variera jamais : « Avez-vous donc oublié que la chicane détruit la bonne harmonie et les liens du voisinage? Une si mesquine affaire valait-elle la peine d'être portée au *fou-mou-kouan*, à votre père et mère mandarin? Je vous ordonne de faire la conciliation. » Cette conciliation ne se fait point, on le pense, étant imposée. Mais le plaignant se ravise, sème de l'argent au palais, et l'affaire renaît.

Pour les causes criminelles capitales, comme dans le cas de meurtre et d'incendie, ou pour les injures faites à un parent, il y a une autre procédure, celle-ci simple et expéditive, dernier vestige des mœurs d'autrefois. La partie lésée court au *ya-men*. A côté de la grande porte demeure nuit et jour, posé sur un trépied en bois, un tambour à peau rouge rayée de noir. On donne un coup du maillochon d'ébène ; la caisse retentit. Aussitôt le portail s'ouvre, le préfet doit sans tarder accueillir la supplique. Mais malheur à celui qui viendra frapper au tambour pour une affaire minime. On lui fera durement expier l'audace d'avoir troublé le repos de la préfecture.

Quand je visitai le *kien-lao* (« prison ») de Tchong-kin, puis le *tcha-lam-tze* (« hangar des instructions préparatoires »), j'éprouvai une vive surprise : à côté de mines patibulaires j'apercevais d'excellentes figures de gens aux costumes propres et aux allures honnêtes. Comme je m'étonnais tout haut que des malfaiteurs et des scélérats eussent une physionomie aussi décevante : « Nous sommes des témoins, me cria un de ceux que j'observais avec le plus d'intérêt.

— Vous avez donc commis un faux témoignage, qu'on vous a jetés en si mauvaise compagnie?

— Que je devienne chien si j'ai menti ! mais la loi veut qu'on nous emprisonne ainsi que les coupables. »

Leur seul crime était en effet d'avoir vu assassiner un *menn-chan* [1]. On les avait incarcérés à

[1] Portier dont il est parlé ci-dessus.

côté de l'assassin. Les gardiens, habiles à se conformer à l'esprit du Code, étendent à leur bourse ce que le texte dit seulement de leur individu. Ils les mettent à contribution autant que les accusés. J'ai su que souvent on leur fait payer les frais du procès, s'ils sont riches et le coupable sans argent. Aussi beaucoup de personnes appelées à déposer s'empressent-elles de jurer qu'elles n'ont rien vu ni entendu.

Le mensonge est la seule voie ouverte à ceux qui veulent fuir la geôle. Pour les causes civiles, on accorde cependant le séjour dans une auberge voisine du tribunal. Mais il faut que l'hôtelier se rende caution de son client forcé.

L'emprisonnement préventif est une des choses les plus exploitées par les agents des tribunaux. C'est la meilleure source des revenus de la *ma-kouaï* ou du *pan-fan*. Ce n'est qu'après avoir épuisé les ressources du prévenu et même celles de ses amis que l'on juge enfin l'infortuné.

Le résultat de nos observations sur le régime administratif et judiciaire de la Chine a été triste; nous y avons trouvé non-seulement la confusion des pouvoirs, mais ce qui est plus dangereux peut être, la confusion de la justice civile et de la justice criminelle. Une chose les rapproche surtout, c'est l'arbitraire du mandarin et son autorité presque absolue sur les personnes : autorité funeste chez un magistrat entouré d'hommes avides, souvent besoigneux lui-même.

Au demeurant, les sentences ne sont point sans appel. On peut les faire réformer par tous les supérieurs hiérarchiques : le préfet, l'inspecteur des préfets, le gouverneur, le vice-roi, en suivant la filière. Il y a même à Pé-kin une sorte de cour de cassation composée de deux chambres distinctes : le *tou-cha-yuen*, office de censure universelle, et le *toun-tchin-sse*, palais des représentations. Les appels y sont examinés, puis transmis au conseil privé de l'empereur. Mais quel est le justiciable, exténué déjà en première instance, qui osera courir le risque d'aller s'exposer aux juges de Pe-kin?

Il semble que les scandales auxquels nous venons d'assister devraient dégoûter les Chinois de la chicane et en faire un peuple ennemi des procès. C'est un effet opposé qui s'est produit. La justice est devenue une arme dont on cherche à frapper ses ennemis, précisément parce qu'elle est meurtrière. Un Chinois a-t-il de violents griefs contre son voisin, il ne lui tiendra point rigueur. Il ira pousser les trois cris de condoléance à sa porte quand quelqu'un mourra chez lui. Tout à l'intérieur semblera indiquer la meilleure harmonie. Mais il aura une préoccupation secrète : réunir des fonds et chercher l'occasion d'intenter un procès. Quand elle ne se présente pas, le Chinois ne recule devant aucune extrémité pour susciter une affaire à celui qu'il hait. J'ai retenu un exemple de cette espèce de *vendetta* judiciaire, où le plaignant subit d'ailleurs lui-même la peine qu'il voulait faire infliger à son adversaire : l'histoire en était contée entre porteurs du *tche-fou*, se gaudissant des fructueuses inimitiés des plaideurs, « Un petit marchand de sapèques, l'estimable Peï, résistait depuis quelque temps avec succès à la concurrence acharnée que lui faisait le riche Su, mieux situé cependant et plus anciennement établi.

Irrité d'être tenu en échec, le vindicatif changeur, après avoir épuisé tous les moyens pour ruiner son concurrent, projette de le faire arrêter. Sa mère va frapper sur le tambour du *ya-men* et porter plainte contre Peï. Su, avec du sang de bœuf et des chiffons, s'est composé la figure d'un homme qu'on aurait blessé à mort d'un coup de sabre à la tête. Il s'alite, subitement pâli, maculé, les cheveux collants sous des bandages rougis par de feintes plaies. Cependant le préfet a lancé un ordre d'arrestation contre le malheureux petit marchand. Il est entraîné au milieu de l'escorte mandarinale jusqu'au logis du blessé pour la confrontation. Peï est chargé de chaînes, la cangue au cou, les menottes aux poings. Deux praticiens ont déjà constaté des atteintes mortelles sur le crâne du changeur moribond. Tout accable le misérable Peï, qui proteste en vain de son innocence. Fort heureusement, sur un ordre du magistrat, un troisième médecin tâte le pouls de l'agonisant : point de fièvre; on s'étonne; le mandarin est un vieux routier, il soupçonne quelque supercherie. On arrache les chiffons, on lave vigoureusement les plaies, et le crâne de la prétendue victime apparait frais et lisse. En un clin d'œil les menottes, les chaînes avaient passé du bon Peï au méchant Su, guéri de ses blessures et probablement aussi de l'amour des mauvaises chicanes. »

Ces sortes de vengeances par l'entremise de la justice sont fréquentes. Elles donnent lieu à des actes surprenants. Un missionnaire de mes amis vit un jour une vieille femme de soixante-quinze ans pendue à la porte du créancier de sa famille. Il apprit ensuite qu'elle s'était suicidée à cet endroit pour qu'on crût à un crime du maître de la maison. Celui-ci fut en effet traduit devant le mandarin, mais il fut assez heureux pour se disculper.

Outre une foule de coutumes créées la plupart du temps par les magistrats intéressés, il y a en Chine d'innombrables lois écrites. Les édits des empereurs en sont la principale source. Ils se trouvent dans de vastes recueils, dont le plus célèbre et le plus fréquemment appliqué est le *Tà-Tsing-lue-ly*, « Lois et statuts de la grande dynastie des Tsing ». A côté de cette législation civile règne encore la législation canonique, dont la cour des rites à Pe-kin est la gardienne jalouse.

Le *Ta-Tsing-lue-ly* se divise en sept parties : 1° lois générales ; 2° lois civiles ; 3° lois fiscales ; 4° lois des rites ; 5° lois militaires ; 6° lois criminelles ; 7° lois concernant les travaux publics.

Qu'on ne se fasse point de ce Digeste chinois l'idée que donnent nos codes européens. Dans ceux-ci, tout est prévu par le législateur avec une précision rigoureuse. Le juge n'a qu'à appliquer minutieusement le texte, ou à en tirer des conséquences applicables aux espèces. La loi est plus élastique en Chine. Le bon plaisir du magistrat s'y exerce à l'aise. Elle consiste souvent en un vague fouillis déclamatoire. Beaucoup de parties du *Ta-Tsing-lue-ly*, par leur magnifique abondance de mots et de phrases, ont de l'analogie avec les pompeuses constitutions césariennes des *Pandectæ*. Point de jurisprudence commune à tous les tribunaux. Chaque magistrat tire la loi de son côté, et la législation interprétée de mille façons diverses perd l'esprit d'ensemble et l'unité. Chaque préfecture a une manière locale de juger qui n'a souvent aucun rapport avec celles des préfectures voisines.

Le droit civil a pour base le respect de l'autorité des parents. Le père a, pendant son existence entière, un pouvoir absolu sur sa famille. A quelque âge que ce soit, le fils ou la fille a besoin de son consentement pour son mariage. On retrouve dans cette puissance la vieille idée romaine de l'autorité du *paterfamilias*. Rome avait reçu de l'Inde ce culte des ancêtres, cette soumission à ceux qui ont transmis l'étincelle vitale [1]. Les deux législations ont puisé aux mêmes sources dans les siècles préhistoriques. Mais on ne peut s'empêcher d'être étonné en rencontrant en plein dix-neuvième siècle, dans le Céleste Empire, un principe qui avait presque

[1] FUSTEL DE COULANGES, *Cité antique*, et SUMNER-MAINE, l'*Ancien Droit*.

disparu du droit romain au commencement de l'ère chrétienne.

Les Chinois vont plus loin qu'on n'allait à Rome : à la mort du père, la mère succède à presque tous ses pouvoirs. La fortune de la famille tombe sous un curieux régime : la mère a l'administration et l'usufruit. Le fils ne pourra faire aucun contrat relatif aux biens paternels sans l'assentiment de la veuve. Les missionnaires, ignorant cette loi étrange, ont vu souvent rescinder des acquisitions qu'ils avaient faites de personnes majeures [1] : la mère n'avait pas figuré au contrat. Si celle-ci gaspille le patrimoine, les enfants devront faire porter leur plainte au magistrat par un oncle ou un autre proche parent paternel, d'un âge égal à celui de la veuve. A défaut, on fera rédiger un *tsin-tchem-tze*, « supplique d'éclaircissement ». On n'y nomme personne, mais le fils demande une audience de huis clos, où le juge aura à apprécier la conduite de la femme. Toute l'indulgence sera

[1] Nous tenons ce détail d'un missionnaire qui a vécu quinze ans en Chine.

pour celle-ci. Les veuves ne manquent pas de profiter des faveurs qu'a pour elles la justice. J'ai connu à Kim-tchéou, dans le Tche-ly, un excellent jeune homme, fils unique, que l'administration de sa mère avait ruiné. Il n'avait pu arrêter son gaspillage : le préfet mettait toujours les torts du côté du fils. Les Chinois désignent les avantages que fait à la femme la mort du mari par ce dicton : *Cheou-koua-cheou-kuieng*, « Elle reçoit le veuvage et la puissance de posséder. »

Cette idée de l'autorité des parents, que nous venons de voir poussée jusqu'à ces conséquences incroyables, est le pivot de toute la Chine. C'est sur elle que tourne l'empire depuis des siècles, dans l'éternel cercle dont il ne sort jamais, pendant que les nations modernes sont emportées vers des orbites plus grands par des idées nouvelles plus larges. Certes le principe de l'autorité des parents est sacré entre tous les principes sociaux. Mais quand les législateurs ne se contentent pas de lui laisser la sanction de la conscience et de la religion, lui donnent la sanction de la bastonnade, asservissent les volontés majeures à une tyrannie familiale, alors le peuple est tout préparé à la décadence ou à l'immobilité. Le fils, esclave de son père, est un homme esclave du mandarin. Habitué, sa vie entière, à confondre tout pouvoir sous le niveau de la force, celui du père comme celui du magistrat, l'homme ne distingue plus rien de libre en lui. Il appelle son juge *père et mère,* il appelle l'empereur Fils du Ciel, Dieu même. Il ne reste plus dans le pays ce sentiment du libre arbitre, de l'individualité, de l'indépendance personnelle, qui fait la vie des nations et le progrès des idées. L'écrasement uniforme de l'autorité, dans la vie domestique comme dans la vie publique, voilà le secret du dépérissement de la Chine[1].

L'abus désastreux de l'autorité paternelle a nécessité l'admission du divorce. Les mariages sont l'œuvre des parents. Ce sont eux qui quelquefois cinq ans, dix ans même avant l'union,

[1] Nous ne sommes pas les seuls à condamner l'organisation despotique de la famille en Chine. Les écrivains les plus religieux l'ont attaquée avec indignation. Voyez l'abbé Huc, *l'Empire chinois,* t. II, chap. VII.

échangent le *tsinn-tié-tze* (« écrits de parenté »). A l'époque fixée, le père envoie la lettre rappelant les fiançailles. Les enfants se marient sans se connaître, obéissant à l'ordre de la famille. Bientôt les incompatibilités de caractère se révèlent. Il faut briser des liens involontaires et odieux. Le divorce est admis non-seulement pour cause déterminée, mais encore par consentement mutuel. Voici quelques-unes de ces causes les plus fréquentes : l'immoralité, la médisance, la jalousie.

Les transmissions de propriété ne sont soumises à aucune publicité : le vendeur livre avec l'immeuble les titres privés qui constatent ses droits. Pas d'autre formalité que le payement d'une redevance (10 ou 12 pour 100) acquittée au sous-préfet. Un appendice collé à l'original reçoit l'impression du cachet officiel à l'huile rouge, mi-partie en caractères tartares et chinois.

On pratique fréquemment une convention assez semblable à notre contrat d'antichrèse. Le taux légal de l'argent étant à 30 pour 100, un propriétaire en détresse serait vite ruiné chez le banquier. Il remet son bien aux mains d'un prêteur qui, moyennant l'abandon des revenus, lui avancera la somme désirée. On dresse un écrit. Au bout de trente ans, si le capital n'est point remboursé, le créancier a le droit de faire expertiser l'immeuble et de le garder en payant la différence entre le prix d'estimation et le montant du prêt.

Le caractère matérialiste de la législation n'admet pas ces théories délicates sur la formation des conventions, empruntées par nous au droit romain : rien qui se rapproche de nos articles sur les vices du consentement, par exemple. Un contrat a-t-il été signé sous l'influence d'une erreur ou d'un dol, sous la pression d'une violence, il sera néanmoins valable. Mais comme le veulent les idées chinoises, l'auteur du dol ou de la violence reçoit plus ou moins de coups. Le rotin est toujours le grand régulateur.

C'est surtout dans le droit pénal que se révèle le caractère barbare de certaines institutions. La graduation des peines y est faite non pas d'après la gravité morale du délit, mais d'après l'importance du préjudice causé. Ainsi, quant au vol, une seule chose est prise en considération pour l'application de la peine : c'est la valeur de l'objet enlevé. Le châtiment est exactement proportionnel à cette valeur d'après une échelle spéciale dressée exprès. Les textes manquent fréquemment de cette précision scrupuleuse qui dans les lois répressives sauvegarde la liberté. Le mandarin peut en s'abritant sous leurs termes généraux transformer en délit le fait le plus simple et dans lequel on ne rencontre aucun élément délictueux. Ces textes sont des instruments terribles entre les mains des fonctionnaires.

La troisième partie du *Ta-Tsing-lue-li* est composée des lois fiscales. Mais c'est une pratique administrative semée d'abus, et non la loi, qui forme la réelle organisation fiscale. On peut approximativement estimer de trente à trente-trois millions de francs que le contingent annuel chaque province doit apporter au trésor impérial. Ce chiffre serait minime s'il représentait toute la somme des contributions perçues. Mais il ne représente que l'impôt avoué et légal, et il y a à côté de lui des taxes irrégulières multiples au profit des administrations provinciales. Les principales sources connues sont : l'impôt foncier, les taxes pour les travaux publics, les contributions en nature, de riz ou de paille, de foin, d'avoine; la vente des offices de scribes, les dons à l'empereur, à l'époque des anniversaires; les souscriptions volontaires et remboursables des notables pour l'entretien des édifices et des voies de communication. Le plus important et le plus clair des revenus de l'empire est celui des douanes maritimes. Un service international a été chargé de la perception des droits dans les différents ports du littoral. Un homme actif et intelligent, M. Robert Hart, a créé ce service et en est aujourd'hui l'inspecteur général. Par ses soins, des sommes énormes entrent chaque année dans le trésor sans passer par les mains absorbantes de l'administration chinoise.

L'octroi tient aussi une large place dans les revenus provinciaux ; j'y ai remarqué une particularité : les droits ne se perçoivent point à l'entrée, mais seulement quand la marchandise introduite a été vendue.

Des collecteurs du nom de *tchaï-che* font la perception, et remettent ensuite ce qu'ils ont recueilli au *fan-taï* ou trésorier général. Un *tchaï-che* a douze à dix-huit bourgs dans son ressort. Comme il est peu et irrégulièrement payé, il considère son traitement comme un casuel et s'appointe lui-même par des moyens spéciaux. Il ne s'applique point à faire payer les redevances à la date voulue : s'il agissait ainsi, il mourrait de faim. Il s'ingénie au contraire à laisser doucement les contribuables tomber en retard. Le préfet lance alors un mandat d'amener contre les débiteurs de l'État. C'est le moment de la recette pour le *tchaï-che*. Il se présente en créancier inexorable, et menace de presser l'exécution des ordres du mandarin si on ne lui promet pas un excédant. Le débiteur est trop heureux de pouvoir acheter un délai, et le collecteur s'enrichit de ce commerce.

Malgré la présence d'agents aussi habiles, il n'est pas rare de rencontrer une préfecture ou une province s'exemptant de payer l'impôt et profitant pour s'en exonérer du moindre trouble politique, d'une inondation, d'une sécheresse. On ne peut les ramener au devoir, ni par douceur, ni par menace. Les provinces du Kan-sou et du Yun-nan, peuplées en majorité de musulmans, sont aujourd'hui dans ce cas.

Nous avons essayé de dessiner dans ce chapitre les traits les plus caractéristiques de l'administration, de la justice et de la législation chinoises. Nous nous sommes gardé de faire une étude scientifique. Notre prétention, ici comme dans quelques autres digressions, n'a pas été d'écrire pour des savants qui voudraient approfondir l'organisation compliquée de l'empire. Ceux-là trouveront à se satisfaire dans des auteurs à prétentions plus élevées que les nôtres, et surtout dans les ouvrages des missionnaires. Nous avons seulement dit, sans parti pris, sans passion optimiste ou pessimiste, ce que nous avons vu de nos propres yeux dans notre long séjour en

Chine. On apprendra, en nous lisant, ce qui existe, en fait, en pratique, non ce qui a été ou devrait être d'après les constitutions plusieurs fois millénaires de ce grand pays.

Disons en terminant que nous croyons à la disparition prochaine des abus dont nous avons été témoin. Depuis quelques années, un réveil, lent peut-être, mais réel, se produit en Chine. Le gouvernement de Pe-kin, inspiré par M. P. Giquel, a envoyé une mission en Europe; il y a à Paris même une nombreuse colonie chinoise : les jeunes gens qui la composent[1] suivent les cours de nos facultés, plusieurs y ont conquis leurs grades. Nous sommes certain qu'ils rapporteront à leur patrie, avec le souvenir de la France, le désir d'imiter nos institutions libérales. Ils feront pour leur pays ce qui a été déjà fait au Japon avec moins de hâte, mais avec un plus sage discernement de ce qu'il faut conserver et de ce qu'il faut changer dans leur vieille civilisation.

[1] Nous comptons avec plaisir parmi eux un de nos amis, M. Ma-tien-tchong.

IX

DE TCHONG-KIN A TCHEN-TOU

En route pour Tchen-tou. — Où le fleuve Bleu est enfin bleu. — L'art chinois à Su-tcheou-fou. — Le Min-kiang. — Puits de sels et puits de feu. — Les barbares Lolos. — Comment les bonzes s'engraissent de l'appétit des Bouddhas. — Le registre des touristes à Ou-yeou-chan. — L'insecte à cire. — Les gourmands de chrysalides. — Syndicats d'irrigation. — Douanes intérieures. — Plaine de Tcheng-tou.

En quittant Chang-haï, nous avions pensé que le but extrême de notre voyage serait Tchong-kin. Il faut aujourd'hui nous remettre en route. Pendant un long mois nous allons avancer du côté des frontières du Thibet, remontant vers le nord jusqu'à Tchen-tou, la capitale du Se-tchuen. Nous allons pénétrer dans une magnifique région semée de grandes villes, et où trois ou quatre Européens seulement, à part les missionnaires, ont pu parvenir avant nous. L'attraction de l'inconnu nous donne comme des vertiges de curiosité.

Le 6 avril, nous sommes de nouveau en barque. Ce véhicule devient monotone, mais il faut bien le subir éternellement : à son défaut, nous n'aurions que des chaises à porteurs pour faire la route et les affreuses auberges du pays pour nous reposer. Notre bateau est au contraire un petit salon avec des lits commodes ; une seconde embarcation porte notre cuisine, et sur une troisième se tiennent M. Lu et mon ami Wen, deux *ouei-iuen* (délégués) que le *tao-taï* nous a donnés comme escorte d'honneur. Quatre soldats aux habits éclatants, de couleur orange, formeront notre garde. Chaque jonque a vingt hommes d'équipage, autant que celles où nous avons vécu depuis Han-keou. Elles sont cependant plus petites, parce que les eaux sont basses au printemps.

Nous dînons des cadeaux que nous ont faits les autorités. On a voulu que nous emportions d'elles un bon souvenir gastronomique ; on nous a envoyé un quartier de porc, un petit chien jaune sec, très-goûté par les Chinois, et un *siang-yu* (poisson éléphant). Ce poisson bizarre, pêché dans le cours supérieur du Yang-tze, a une trompe de cinquante centimètres, aussi longue que son corps; il prend à la cuisson un goût de gélatine exquis.

Pendant que nous savourons cette cuisine exotique, les rives s'entourent de forêts d'orangers; des effluves imprégnés de l'humidité des flots et des parfums des fleurs montent jusqu'à nous. Il semble que nous atteignons enfin le *Fleuve des illusions bleues,* que nous avions rêvé en Europe. Les eaux sont d'azur; des mirages tremblants y reflètent les feuilles. Le soleil se couche sur des bosquets de hauts camélias. Dans le lumineux crépuscule d'avril, nous distinguons encore l'espèce de ces arbres : ce sont des *tcha-chou;* ils portent un fruit vert de la grosseur d'une châtaigne. Le *tcha-chou* est l'olivier des provinces du Se-tchuen et du Fo-kien; leurs montagnes en sont couvertes. Elles se servent de l'huile que donne sa noix, tandis que le nord de la Chine consomme l'huile de sésame.

Le lendemain, nous passions devant Kiang-tsin, qui étend ses quelques maisons sur le terrain plat de la rive droite, et où l'on fabrique une toile chinoise appelée *shia-pou,* grossièrement tissée et ressemblant un peu à de la forte mousseline. Après cette ville, le fleuve fait un grand coude. Des rapides se cachent dans ce contour dangereux à l'époque des crues, mais nous le franchissons sans peine. Le Siao-t'an lui-même, dont la réputation est si mauvaise, ne nous arrête pas longtemps.

A Ho-kiang, le sous-préfet, obéissant aux ordres du *tao-taï* de Tchong-kin, nous dépêche deux *tin-tchaï* [1] qui doivent nous accompagner jusqu'aux limites de son district. Ils sont chargés de réquisitionner des hommes pour remorquer nos barques dans les endroits difficiles, et surtout de distribuer judicieusement des coups de bâton sur les récalcitrants. Nous ne tardons pas à tirer profit de leurs services. Aux endroits où les montagnes fléchissent et laissent le fleuve errer capricieusement, son lit devient immense. Des bancs de gravier s'y étalent. Nos haleurs sont bien loin devant nous, penchés sur la corde démesurée qui les relie à notre proue. Quelque-

[1] Messager officiel.

fois, deux murs à pic étreignent subitement le courant : les haleurs sont alors à deux cents mètres au-dessus de nos têtes. En bas, dans les profondeurs des gorges, notre jonque tremble et craque; on dirait que le fleuve veut la pousser dans des cavernes ouvertes sous les eaux et rentrer lui-même dans le rocher. Dix hommes robustes armés de bambous à pointes de fer sont sans cesse sur le pont, et, comme des phalangistes, la pique en arrêt, ils présentent leur muraille de fer à la muraille de granit quand les tourbillons vont nous y fracasser.

Sur les crêtes du défilé se dressent deux édifices aux formes monacales : l'un est un couvent de femmes; l'autre, une pagode dédiée à Kouan-in, la vierge chinoise. Dans les dentelles que brodent sur le ciel bleu les orangers de la montagne, nous voyons errer des groupes mystérieux : ce sont les bonzesses aux robes flottantes. On nous a conté plusieurs histoires scandaleuses sur ces dames. Elles ont renoncé au monde, à leur chevelure même, puisqu'elles ont la tête rasée; à tout, excepté au plaisir.

Nous dépassons la ville importante de Lou-tcheou, gouvernée par un *tao-taï;* la bourgade de Li-chan-pa, où nous avons couché et où nous avons reçu la visite d'un collége catholique dépendant de Mgr Lepley. Nous sommes en vue de Su-tcheou-fou. Nous accostons au débarcadère. Nous voulons aller visiter Mgr Lepley, vicaire apostolique du Se-tchuen méridional.

L'aspect extérieur de Su-tcheou-fou m'avait trompé. En voyant ses murs bas dont les pierres s'effritent, son assemblage de maisons petites d'où pas un édifice ne surgit, je m'attendais à trouver des rues sales et étroites. Elles sont au contraire plus propres et plus larges qu'à Tchong-kin. Les boutiques offrent mille objets rares, mille chinoiseries adorablement chinoises. Infortunés collectionneurs qui avec bonne foi rangez sur vos étagères tant de bibelots chinois ou japonais achetés rue Paradis-Poissonnière, comme vous vous pâmeriez, s'il vous était donné de parcourir seulement une heure la moindre impasse de Su-tcheou-fou! Vous y trouveriez l'art du Céleste Empire dans toute sa pureté.

A chaque pas, des ateliers de sculpture et de gravure de pierres fines. Dans leurs étalages miroite l'arc-en-ciel des jades, des agates, *ma-no,* et des onyx du Yu-nan ; des paravents s'ouvrent si délicatement fouillés et ciselés que le moindre souffle semble devoir les briser ; des boucles de ceinture où des dragons aux yeux de perles se mordillent ; on y voit des dessus de table à thé valant souvent quinze cents taëls ; des anneaux aux destinations inconnues en Europe : ceux avec lesquels les mandarins portent la pipe à la boutonnière, ceux que les Tartares mettent au pouce quand ils tirent l'arc, et qui sont épais pour protéger le doigt.

A côté, l'éclat des métaux martelés : des échafaudages de théières en cuivre blanc aussi clair que le platine, et dont les ventres rebondis ont la rondeur des panses mandarinales ; des pipes de cuivre doré, au fourneau minuscule que l'on bourre après chaque aspiration de fumée ; de petites idoles et des magots ridicules aux poses graves, taillés dans des lingots de plomb.

De magnifiques parures en plumes de martin-pêcheur attirent surtout mon attention. Les orfèvres de Su-tcheou-fou ont le secret de les incruster sur argent. Les nielles moirées du métal s'estompent sous les reliefs et les déliés du duvet turquoise. Des plumages vrais recouvrent des colibris d'or; on monte des épingles avec des plumes de l'oiseau de paradis chinois, qui naît et meurt comme une rose, en un matin, après avoir épanoui ses aîles.

C'est ici que nous avons bu pour la première fois l'infusion de *pou-eull-tcha*. C'est une sorte de thé en pains estimé par les Chinois comme un remède contre le rhume; je lui trouvé une odeur insupportable de terre. Su-tcheou-fou est le principal entrepôt des produits du Yu-nan.

Quand nous quittons cette ville le lendemain matin, nous laissons le Yang-tze pour entrer dans le Min-kiang, un de ses principaux affluents. C'est en le remontant que nous parviendrons à la capitale du Se-tchuen. Notre nouvelle route aquatique ne se conformera point à la définition de Pascal et sera loin d'être pour nous « un chemin qui marche ». Elle nous opposera au contraire son courant et ses rapides. Notre navigation y sera plus pénible que sur le Yang-tze. Il paraît néanmoins que, même aux grandes eaux, des barques ayant jusqu'à quinze cents piculs de fret peuvent remonter le Min et rejoindre la petite rivière de Tcheng-ton. Ce ne doit pas être sans peine, car notre jonque, toute légère qu'elle est, avance lentement, comme une énorme tortue d'eau. Je mets pied à terre au milieu de plantations d'opium, pour prendre les devants, et je laisse les équipages à deux ou trois heures derrière moi : j'arrive sans m'en apercevoir, en suivant le rivage, à un vrai chemin de chèvres qui sert au passage des haleurs et qu'on a taillé pour eux dans le roc. Je suis en équilibre sur ce sentier de quarante centimètres à peine, ayant à ma droite, dans un précipice, l'eau grondante ; à ma gauche, un rocher droit et lisse où la main n'aurait pas une herbe pour s'accrocher. Je marche de côté, le ventre collé à la pierre, détournant mes yeux du fleuve : le vertige m'aurait entraîné si j'eusse regardé. Mes chiens, qui avaient longtemps hésité à me suivre, tremblaient et gémissaient de frayeur. Le chemin semblait se rétrécir à mesure que j'allais plus loin. Je ne puis comprendre comment les bateliers franchissent ce mauvais pas, ayant sur l'épaule la corde de halage qui les tire dans le gouffre. A la fin, la saillie du roc s'élargit; sur la paroi à pic, devenue subitement d'un rouge de sang, de gigantesques Bouddhas sont ébauchés, les uns accroupis, les autres debout, ouvrant sur les eaux la fixité tranquille de leurs paupières : ce sont les gardiens de l'abîme; les haleurs les invoquent pour être préservés de l'entraînement du vide.

Les paysages ont une étonnante variété d'aspect. Après ces défilés nous voyons sur les bords des plaines de gravier couvertes d'épaisses herbes; dans le lointain, des bois, et sur leur lisière le village de Ma-lèou-tchang. Nous faisons plusieurs promenades avec nos fusils dans les fourrés sans voir aucun gibier. Un jour cependant nos chiens font lever quelques faisans vénérés. J'en tue un. Cet oiseau a un capuchon blanc cerclé de noir, des plumes écaillées d'or et de bleu, une queue très-longue à traîne rayée. J'enregistrai encore sur mon carnet de chasse une magnifique oie barrée.

Des bateaux chargés de briques de sel descendent la rivière. Ils viennent de la bourgade de Kouan-in-tchang, près de laquelle sont des puits salés. L'eau qu'on en retire est mise en évaporation dans un récipient fortement chauffé. On obtient ainsi un sel qui est d'une qualité moins parfaite que le sel marin, mais qui est une précieuse ressource dans ces pays si éloignés de l'Océan. On le vend en briques ou en gâteaux ronds, selon la forme de la cuve où il s'est déposé. Près des puits de sel sont des puits de feu : ce sont des fosses profondes d'où s'exhale un gaz flamboyant à la moindre étincelle, probablement des vapeurs de pétrole.

Les Chinois, en gens pratiques, utilisent cette flamme pour faire bouillir et s'évaporer l'eau salée. Ainsi les deux éléments concourent à la prospérité du commerce de Kouan-in-tchang. Jadis un puits de feu eût passé pour une cheminée d'enfer; aujourd'hui, même en Chine, ce n'est plus qu'une source de revenus.

Nous entendons beaucoup parler autour de nous des barbares Lolos, qui, dit-on, ont des hameaux à six lieues d'ici. Ils servent de thème à d'intarissables récits de nos mariniers et de nos soldats. Ces Lolos, malgré la bonhomie de leur nom, sont les croquemitaines du pays. Répandus dans les montagnes, ils se rassemblent souvent par groupes et tombent sur le Min, où ils arrêtent les barques et jettent la terreur dans les villages; puis ils rentrent dans leurs rochers inaccessibles, emmenant des prisonniers, et chargés de dépouilles. Robustes, endurcis, ils vivent presque toujours à cheval, armés de lances, de flèches ou de vieux mousquets. Ils ont les jambes nues et pour tout vêtement ne portent qu'un caleçon ou une tunique de toile.

La cour de Pé-kin n'a jamais pu dompter ces montagnards dont l'indépendance et la fierté sauvage contrastent avec la soumission générale. Après avoir vainement essayé de les réduire par la force, le vice-roi du Sé-tchuen, chargé de les contenir, a tâché de les prendre par la vanité, en offrant à leurs seigneurs le titre de mandarin. Mais après des moments de tranquillité passagère, les Lolos reviennent à leurs anciennes habitudes et commencent à guerroyer de plus belle. Chose curieuse, ces barbares, si jaloux de leur liberté en face de l'empereur, sont esclaves de leurs chefs : ceux-ci ont sur leurs sujets droit de vie et de mort, possèdent des châteaux, s'habillent de satin. Ils ont même une certaine instruction : leur manière d'écrire rappelle celle des bonzes de Pegou et d'*Ava*. Il faut que la profession de bandit soit bien lucrative et bien attachante pour que les Lolos ne songent pas à échanger leurs plateaux rocheux contre les plaines luxuriantes de la vallée, et à vivre honnêtement sur les bords du Min.

En approchant de Kia-tin-fou, le paysage est devenu féerique. La terre chaude et grasse produit une végétation aussi riche que celle de Ceylan. Une colline plonge ses pentes vertes dans les eaux bleues. C'est de la rivière jusqu'au ciel un enchevêtrement d'arbustes et d'arbres, des étreintes vives de palmiers et de glycines; les pointes acérées des trachycarpes disparaissent sous les feuilles moelleuses des fougères, et sur les sommets les parasols des pins émergent seuls dans les soulèvements énormes de verdure.

Je demandai à un des mariniers qui paraissait subir malgré lui le prestige de ce spectacle, quelle était cette merveilleuse montagne.

« C'est très-beau à voir », me dit-il.

Je ne pus obtenir d'autre réponse.

J'appris d'un second marinier qu'elle s'appelait *Ou-yeoû-chan,* et qu'il y avait à la cime un temple bouddhique. Nous faisons stopper le bateau au bord d'un immense perron de granit dont les marches se perdent sous l'eau. Un large escalier tourne en colimaçon autour du cône que font les roches. Par endroits sont des cavernes naturelles percées en tous sens. Des génies de pierre, vêtus de mousse, se cachent dans ces grottes et dans les taillis. Nous atteignons la pagode : les bonzes, épouvantés d'abord en voyant apparaître des *si-ian-jen* (hommes de l'Ouest), se remettent petit à petit de leur effroi;

ils avancent timidement pour nous considérer de plus près, puis nous entourent, puis nous accablent de questions. — « Dans votre pays, avez-vous des montagnes? Avez-vous des pagodes? Avez-vous des bonzes? Mangez-vous du riz? »

Comme nous les contentons de notre mieux, ils nous prennent en amitié et nous invitent à une collation où l'on nous sert des arachides rôties et du thé. On nous mène ensuite visiter les environs et l'intérieur du sanctuaire. Il renferme une fort jolie collection de dieux, mais tous très-sales, ayant des barbes et des chevelures pendantes en toiles d'araignée. Les bonzes n'osent sans doute porter la main sur eux, même pour faire leur toilette. Devant ces idoles malpropres, dans des corbeilles, des monceaux de fruits : pommes, poires, oranges, des gâteaux de millet, des courges sucrées. Les bateliers de passage et les fidèles des villages voisins veillent à ce que ces bons dieux ne manquent de rien; ce n'est pas une légère occupation. Les Bouddhas ont un excellent appétit. Chaque nuit ils vident les corbeilles; chaque jour la piété des adorateurs les remplit. Satisfait de ce zèle, le ciel fait prospérer le monastère et s'épanouir les bajoues des bonzes.

Au moment où nous entrâmes, deux personnes, probablement deux voyageurs, faisaient leurs dévotions avec un procédé différent. L'un, à genoux, criait à haute voix des litanies, tout en frappant sur une grosse amande en bois creux. L'autre avait une dévotion moins bruyante et moins loquace ; il tournait avec ferveur une roue sur laquelle étaient écrites des oraisons. Chaque tour de ce moulin à prières représentait une forte somme de piété, le pèlerin étant censé avoir prononcé toutes les oraisons dans l'intervalle de la rotation.

Nos bateliers, qui étaient venus allumer devant Bouddha de petits bâtonnets odorants, quittèrent le temple ; nous les suivîmes. Le supérieur de la bonzerie venait au-devant de nous, un grand livre à la main. Nous pensions qu'il allait nous offrir quelque vieux manuscrit chinois : — « Voulez-vous, nous dit-il, écrire vos noms sur ces feuilles ? Ils y resteront dix mille ans, conservés précieusement avec nos annales. Tous les nobles visiteurs qui ont passé ici n'ont jamais manqué de s'inscrire. » — Avec plaisir. — Et à l'aide d'un pinceau chinois, nous gribouillâmes nos noms et la date du 25 avril 1875. Ce souvenir est placé là au milieu des écritures étranges qui depuis des siècles se sont amoncelées sur le registre. Pour la première fois, des caractères européens y apparaissaient. Si jamais je reviens à Ou-yeou-chan, je retrouverai une trace de mon passage sur le livre des visiteurs.

Nous retournons au fleuve, enchantés de notre excursion. A l'instant où nous mettons le pied sur la jonque, un délégué du supérieur nous offre deux vases de porcelaine où des *lan-hoa* étaient en fleur. Il nous souhaite mille prospérités, et un vent favorable. Ces politesses n'étaient point désintéressées ; nous lui montrâmes que nous le comprenions en lui glissant une offrande pour le couvent.

Nos yeux se détachent avec peine de la colline, dont les profonds ombrages cachent le temple.

Nous faisons cette remarque, que les Chinois savent admirablement choisir les beaux paysages pour y installer leurs sanctuaires. Les cimes aux horizons lointains, les forêts d'arbres séculaires ont toujours leur pagode. Quand le site est d'un accès facile, comme à O-mi, au sud-ouest de la province, les pèlerins affluent de toutes les parties de l'empire, et les bonzes se comptent par centaines.

A peine avons-nous perdu de vue le sommet d'Ou-yeou-chan que notre attention est encore excitée. Sur une prodigieuse façade de roches tapissées de wistérias et de figuiers grimpants, on entrevoit un relief gigantesque ; mais sous les branches des arbres qui sortent des crevasses, je distingue à peine la tête crépue du colosse. Le reste disparaît dans les feuilles. Des cormorans nichent avec familiarité au milieu des cheveux du géant de pierre fruste.

Les paysages succèdent ainsi aux paysages dans cette partie de la rivière Min, la plus pittoresque que j'aie vue en Chine.

Nous voici à Kia-ting-fou, bâtie, comme Su-tcheou-fou, au confluent d'une rivière : c'est le

Tang-ho, qui descend de Ya-tcheou. Kia-tin est le centre du commerce de la cire blanche. Il y a dans la région beaucoup de ces arbres sur lesquels on la recueille et dont nous avons déjà parlé. Les habitants se livrent à l'élevage des insectes qui la fournissent.

C'est un des traits originaux de l'agriculture chinoise que cette habileté à tirer parti de l'industrie des insectes. Bien des siècles avant nous, les Chinois faisaient de riches étoffes avec le cocon du *bombyx mori*. Ils élèvent le ver à soie du chêne, l'insecte à cire qui dépose sur le *pe-la-chou* ses rayons, plus petits que ceux des abeilles, mais plus purs. Les gens de Kia-tin vont chercher les œufs de l'insecte précieux jusque dans la vallée de Tien-chan, car il ne se reproduit pas chez eux. Les éleveurs ne marchent pendant ce voyage que la nuit, par groupes éclairés de lanternes, car la chaleur du soleil pourrait faire éclore trop hâtivement la semence.

Kia-ting fabrique beaucoup de soie et surtout une certaine soie blanche et unie d'une qualité supérieure. On y trouve aussi du *houng-t'an* (sucre rouge), qui s'y vend seize francs le picul.

Pendant la soirée, à l'heure où nous commencions à nous endormir sur les lits de notre cabine, nous entendons soudain au-dessus de nos têtes un vacarme inusité. Nous sortons aussitôt. C'est une dispute violente qui a lieu. Un des bateliers vient de décocher à son patron l'horrible injure d'« œuf de tortue ». Aussitôt chacun a roulé sa queue autour de sa tête, retroussé ses manches, et une bataille de coups de poing et de coups de dents a commencé. Nous faisons avertir un des délégués, notre ami Wen. Il ordonne aux quatre soldats de saisir les lutteurs. Séance tenante, il les juge et les condamne. En échange des horions qu'il a donnés, l'insulteur recevra cent vingt coups de rotin, et l'on ajoutera à ceux qu'a reçus l'insulté cinquante coups seulement. Les soldats se mettent à taper en cadence sur les mollets et le bas des cuisses du batelier, en comptant à haute voix : Un, deux, trois, etc. Mais nous intervenons auprès de Wen. Il arrête l'exécution. Le pauvre diable en est quitte pour une vingtaine de contusions, et l'ordre règne sur notre barque.

A notre réveil, nous n'apercevons que des brouillards autour de nous. Il pleut. La jonque n'a pu partir au point du jour, comme c'est la coutume : les mariniers n'ont pas osé se mettre en route au milieu de la brume. La rivière est semée d'écueils; elle va devenir étroite et peu profonde; on a besoin d'un temps clair pour voir et éviter tous les obstacles. Vers neuf heures le soleil apparaît, et nous pouvons continuer notre navigation.

Nous franchissons, après trois heures d'efforts, un rapide du nom de H'ong-ya-t'an. Nous laissons à droite derrière nous la ville de troisième ordre de Tsin-chen. Les montagnes s'effacent; le pays devient plat, les terrains sablonneux; l'eau manque dans le Min. Plusieurs fois nos bateaux ont touché le fond. L'équipage est alors obligé de se mettre à la rivière et de soulever à force d'épaules la jonque enlisée dans les vases ou les graviers.

Le 1er mai, nous jetons l'ancre devant Min-tcheou, ville bâtie sur la rive droite, au centre d'un bocage. Des terres plantées de *tsi-chou* (arbres à vernis) s'étendent le long du bord opposé. Le *tsi-chou* n'est ni haut ni touffu ; son écorce est blanchâtre, et ses feuilles ressemblent à celles du cerisier sauvage. La verdure ardente des cultures de tabac reluit dans les échappées à côté de ces frondaisons pâles. Min-tcheou est renommé pour son tabac : on en exporte beaucoup dans le Thibet.

Près de nous est amarrée une barque surmontée d'un pavillon. Elle contient deux cercueils. Un sous-préfet y voyage avec les corps de son père et de sa mère, morts depuis plusieurs années. Après les avoir gardés dans sa maison pendant longtemps, il allait les ensevelir dans le Ho-nan, sa province. Qu'on ne s'étonne pas de cette vie en commun des défunts et des vivants : les Chinois aiment a se familiariser avec la mort.

Un cercueil figure souvent dans l'ameublement d'une chambre à coucher. C'est un cadeau fort apprécié que celui d'un cercueil. Un père de famille au chevet d'un de ses fils alité lui dira avec affection : « Veux-tu, mon cher enfant, que je t'achète une bière, afin que tu puisses la voir? » La réponse ne sera jamais négative. Le cercueil est déposé auprès du lit du malade, pour qu'il l'examine à loisir. Que dirait-on en France d'une pareille coutume ?

Que diraient aussi nos docteurs fanatiques de la diète, du médecin chinois, qui, jusqu'au paroxysme de la maladie, fait manger à ses clients du riz, de la semoule, du millet? Son premier soin en arrivant est toujours de demander si le malade a bien mangé. — « Le pauvre homme ! il va de mal en pis! C'est à peine s'il a pris cette nuit cinq ou six bols de semoule. » Le praticien commence à perdre espoir. Quand le patient n'a absorbé qu'un seul bol, le médecin ne se donne plus la peine de venir, son client est perdu!

Nos bateliers sont allés à Min-tcheou renouveler leur provision de riz. Ils font un copieux repas avant notre départ. On apporte le riz bouillant dans un panier de jonc, afin que l'eau s'écoule. Des soucoupes contiennent des piments qu'on à pilés et des poissons fumés. L'équipage est accroupi, environnant les plats, où chacun puise à tour de rôle avec ses baguettes. Les plus gourmands mangent à part des chrysalides de vers à soie qu'ils ont fait cuire dans l'huile.

A deux lieues au-dessus de Min-tcheou, la rivière est coupée par une digue faite en sacs treillissés de bambou et remplis de pierres. Les cultivateurs du pays se réunissent en syndicats pour exécuter ces grands barrages. Ils dérivent ainsi une partie des eaux qu'ils mettent en réserve pour alimenter les rizières à l'époque des sécheresses. Je salue, en passant à travers l'écluse de la digue, le génie agricole de la Chine, et je songe en souriant tristement à notre infériorité à nous, Français, pour beaucoup de ces œuvres utiles et fécondes. Les dissertations de nos académies et les devis de nos ponts et chaussées ne feront peut-être pas en plusieurs siècles ce que ces montagnards du Se-tchuen ont accompli ici de leur propre initiative.

Après un rapide, nous apercevons sur notre gauche une enceinte rouge resplendissant au soleil. La couleur verte des têtes d'arbres se dressant partout devant les maisons tranche sur la teinte vermillonnée des murailles. C'est la gracieuse ville de Pon-chan, ressemblant de loin à une pagode prenant le frais sous des ombrages. L'air est doux, la rivière calme. Si j'étais Chinois, je voudrais finir mes jours près de ces murs vermeils, sous les sophoras aux grappes d'émeraude. Et cependant il faut marcher, nous n'avons pas une heure à perdre. Nous sommes à l'entrée du petit affluent de Tchen-tou, et nous approchons de la capitale. Notre halte est d'ailleurs fixée pour Kiang-keou.

A peine sommes-nous arrivés à cette station que le chef des bateliers vient nous déclarer qu'il ne peut naviguer dans l'affluent. Il n'y a pas assez d'eau pour les jonques. Il faut faire un transbordement. Mais au bout d'une lieue, l'eau devenant de plus en plus basse, nos nouvelles barques sont obligées elles-mêmes de s'arrêter, quoique plus légères que les autres. Nous craignons un instant d'en être réduits à terminer notre voyage à pied.

Notre ami Wen nous tire encore d'embarras. Il réquisitionne les plus petits bateaux de Tien-shien-keou, et nous nous y installons de notre mieux : c'est chose embarrassante; on ne peut se tenir debout dans la cabine, on est forcé d'y rester couché; aussi demeurons-nous le moins possible dans la barque. Avec nos fusils et nos chiens, nous battons les collines voisines et nous allons à pied jusqu'au lieu de la couchée, à Chen-kia-ho, sur la rive gauche. Notre flottille ne nous a pas devancés.

Dans la soirée, nous avons une alerte. Des cris aigus partent du village, appelant au secours. Nos quatre soldats s'élancent à terre et rencontrent une bande de paysans furieux poursuivant nos mariniers. L'un des assaillants brandissait même une lance dont il allait se servir, quand nos gardes se présentent et mettent en fuite ces indigènes belliqueux. L'homme à la lance est arrêté et fustigé sur place de vingt-cinq coups de plat de sabre, l'équipage remonte à bord, et le calme semble rétabli; mais tout à coup le gong résonne, des torches de bambou courent de toutes parts dans les rues, on entend des appels aux armes. Wen juge prudent de ne point entamer une lutte inégale, d'autant que nos bateliers ont probablement commis quelque maraude qui explique cette émeute. Nos bateaux démarrent à la hâte et profitent des ténèbres pour s'aller cacher dans une crique qui est plus haut sur la rive opposée. Nous apercevons de loin, sur le rivage de Chen-kia-ho, une foule hurlante rougie par la lueur des résines. Plusieurs forcenés se mettent même à notre recherche dans un esquif. Mais nos matelots, qui ont conscience de leurs torts, fuient à force de rames les justes représailles, et le soulèvement du village sert à nous faire avancer un instant avec rapidité.

Nous ne sommes plus séparés de la capitale du Se-tchuen que par deux ou trois journées de navigation; mais ce seront les plus lentes, à cause des ouvrages établis par les riverains dans le lit même de la rivière qu'ils obstruent. A chaque instant des barrages pour l'irrigation. Deux d'entre eux, désignés par le nom de *tie-eul-ien*, interceptent le courant dans toute sa largeur. Ils sont fermés sur le milieu par une énorme vanne en poutres recouvertes de nattes. Il nous fallut parlementer plusieurs heures pour obtenir le passage. Nous pensâmes un instant renoncer à faire soulever l'écluse.

« Les notables sont absents, disaient les éclusiers. Nous ne pouvons laisser circuler sans leur ordre.

— Très-bien, répondit Wen, mais vous devez laisser passer ces nobles étrangers. Le vice-roi les attend.

— Nous n'ouvririons pas même au vice-roi. L'agriculture est la seule maîtresse de cette eau. »

Le fait est que les règlements autorisent les syndicats agricoles à s'approprier le débit total de la rivière. Nous finîmes cependant par arracher la faveur de traverser le barrage. Un délégué du nom de Wan, mandé par le vice-roi de Tchen-tou et le maréchal tartare, était arrivé pendant les pourparlers; il acheva de vaincre la résistance des gardiens de l'écluse.

Après les éclusiers, ce sont les douaniers du

ly-tsi[1] (douane intérieure) qui nous arrêtent. Chaque rivière, chaque route, chaque canal a un poste de ces incommodes agents, placés là pour rançonner le commerce. Ils nous avaient respectés jusqu'ici, mais il était écrit que nous ne finirions pas notre voyage sans constater par nous-mêmes la rapacité de ces fonctionnaires. Notre nouveau délégué a mille peines pour nous en débarrasser. Nous savons pertinemment que la douane intérieure, contre laquelle on ne cesse de protester, commet des exactions de toute espèce, et qu'elle est protégée cependant par les sous-préfets et les chefs militaires, dont elle augmente les revenus. Aucune des taxes perçues par cette douane n'entre au trésor impérial.

La vaste plaine de Tchen-tou nous entoure maintenant. On ne voit plus de montagnes. A perte de vue des champs cultivés, des jardins potagers. Les villages disparaissant dans des fourrés de bambous font çà et là des taches grises sur la campagne verte. Partout la vie, le

[1] Ou Li-kin.

travail, la prospérité. Les arbres fruitiers sont riches de promesses. Les maïs sont splendides. Des paysans sont répandus dans les herbes. Cependant la rivière étroite est tranquille, bleue, bordée de grands saules pleureurs et de pamplemousses. Nous naviguons sous des feuillages qui s'accrochent aux vergues et qui, secoués sur nos bateaux, y laissent tomber des poussières d'or. Une chanson militaire est répétée par l'écho des rives : des jonques rasent les nôtres, remplies de soldats qui vont châtier les Lolos.

Le 9 mai, nous descendons de nos barques devant un barrage qui annonce les faubourgs de Tchen-tou-fou. Si les eaux avaient été hautes, nous aurions pu nous avancer jusqu'aux portes de la grande métropole sur le canal qui fait le tour de ses murailles. Mais nous sommes à la saison des eaux basses.

Sur la berge, un mandarin nous reçoit : il vient nous annoncer que le gouvernement provincial nous a fait préparer un logement dans la ville.

X

TCHEN-TOU

Entrée à Tchen-tou. — L'étude du mensonge. — Notre maison et nos jardins. — Le pied délateur. — Réception du vice-roi. — La ville tartare. — Chez le maréchal. — Succès de nos habits noirs auprès des dames de Tchen-tou. — Rapports d'une crème au chocolat et d'un nez tartare. — Le retour de Tchen-tou à Han-keou. — La fête du Dragon. — Un verre d'eau glacée. — Ce que nous souhaitons à la Chine.

Tchen-tou, belle et riche cité de huit cent mille âmes, capitale de l'immense province du Se-tchuen, est située au milieu d'une grande plaine. Il n'en est pas de plus fertile dans la Chine entière, de plus peuplée, de plus verdoyante, de plus admirablement arrosée par une quantité innombrable de canaux. Cette plaine a une superficie, de 2,400 milles carrés, et, sans compter la population de Tching-tou, elle nourrit 1,900,000 habitants. Ses produits sont considérables et d'une excellente qualité. On y cultive le riz, le blé et le chanvre en abondance.

On s'y livre aussi à l'industrie séricigène qui occupe, l'hiver surtout, l'intérieur des familles : les uns dévident les cocons, les autres pratiquent l'ouvraison des gréges ; d'autres ont des métiers à tisser. On se partage ainsi entre le travail de la soie et le jardinage.

La ville de Tchen-tou ne ressemble en rien à celles que nous avons déjà visitées. Elle est, selon nous, la plus belle de tout l'empire. Son circuit est de quarante-huit *ly* [1], y compris les faubourgs. Ses rues sont très-larges et très-belles, bien entretenues, nettes à l'œil. On s'est étonné peut-être, en lisant notre description de Tchong-kin, qu'après avoir annoncé les villes du Se-tchuen comme supérieures pour l'ordre et la salubrité à toutes les autres, nous ayons peint des rues aussi malpropres ; c'est que les cités des provinces chinoises sont si sales que Tchong-kin ne l'est point en comparaison, et de plus, elle est

[1] Près de cinq lieues.

une exception dans le Se-tchuen. Mais Tchen-tou ne nous a pas paru avoir un seul quartier négligé.

Nous y entrons en palanquin, par la porte de l'Est, suivis d'une escorte nombreuse. Le quartier que nous traversons est le plus beau de la ville. La rue où nous sommes est une superbe avenue, longue, spacieuse, bien aérée, et arrosée de ruisseaux sur les deux côtés de la chaussée convexe; elle est dallée de larges pierres blanches, en carrés, jointes symétriquement, et bordée d'élégantes maisons. Les devantures des magasins sont presque toutes en bois sculpté et verni; devant les portes des habitations, une propreté absolue règne partout. Vraiment on ne croit pas être dans une ville chinoise. De jolies boutiques sont pour la plupart remplies d'objets de luxe : pièces de soie disposées avec art pour séduire le passant, chaussures brodées avec applications de velours, vêtements de théâtre avec plaques de cuivre et bonnets à longues plumes de faisan, articles de Canton en ivoire sculpté, — lesquels viennent ici par voie de terre, apportés par des marchands ambulants;

— ornements d'argent, pierreries, fourrures d'écureuils volants. Devant chacune, de coquettes lanternes en papier de couleur ou en soie sont accrochées, portant le grand caractère *fou* (« bonheur »). On sent partout la grande ville puissante et riche.

Tout le monde est sur pied : on veut voir les diables d'Occident, ces bêtes presque fabuleuses. Nous arrivons, non sans quelque peine, à travers cette affluence, au logis que les mandarins nous destinent. Mais ici les autorités sont moins aimables qu'à Tchong-kin; ce n'est plus un *ngai-te-tang* que nous trouvons, c'est une mauvaise auberge, dans un des moindres quartiers, et une vraie auberge chinoise, laide, incommode, enfumée. C'était peu avenant, et il nous eût été pénible, au milieu d'une ville si bien bâtie, de nous enfermer dans une maison aussi désagréable.

Nous y trouvâmes un envoyé du sous-préfet.

« Voici, nous dit-il, le palais que les autorités mettent à votre disposition.

— Ceci un palais? On nous avait promis une belle maison de la ville! Et celui qui nous l'a annoncée a voulu nous tromper et a menti! »

C'était lui-même dont je parlais; je le reconnaissais pour être venu à notre barque nous dire ce que je lui rappelais; puis il avait pris les devants, et je le retrouvais ici. Mais il répondit avec un beau sang-froid :

« Je ne puis pas mentir. »

On a dit les Chinois menteurs; quelques-uns ont écrit même que le mensonge est, en Chine, une science spécialement cultivée entre toutes les autres, et que l'on étudie de fort bonne heure; un enfant qui a su mentir habilement recevra les caresses de son père et de sa mère; s'il répond avec franchise, il verra pleuvoir les coups de poing sur sa tête et sur son dos. Tout cela est très-exagéré. Sans doute on peut constater chez les Chinois comme chez tous les Orientaux une certaine propension au mensonge. On ne saurait cependant s'empêcher de reconnaître qu'en Chine plus que dans aucun autre pays, la fidélité à la parole donnée est inviolable. Un habitant du Céleste Empire usera de déguisement et d'artifice pour conclure un contrat avantageux, mais il n'en observera pas moins avec la loyauté la plus scrupuleuse une convention qui lui sera manifestement nuisible. Défiez-vous du Chinois quand vous traiterez une affaire, il ne se fera pas faute d'employer toute sa rouerie pour vous surprendre; mais une fois l'affaire conclue, fût-elle mauvaise pour lui, dormez en paix; n'eussiez-vous point d'écrit pour la constater, la promesse d'un sujet du Fils du Ciel vous en tiendra lieu. Cette sécurité que donne dans le commerce la parole des négociants chinois ne contribue pas peu à leur succès partout où ils s'établissent. On sait qu'ils ont en leurs mains presque toutes les banques de la Californie, et qu'à New-York, San Francisco et aux Indes, il y a de riches et puissants marchands chinois.

Cet envoyé qui ne pouvait pas mentir n'était autre qu'un majordome chargé par le sous-préfet du soin de notre installation dans l'auberge. Chez cette catégorie de Chinois, le mensonge est une habitude. Nos *ken-pan-ti*[1],

[1] Suivant, domestique.

excellents comme domestiques, déplorables pour tout le reste, immoraux, joueurs et voleurs, nous mentent respectueusement, mais effrontément, toute la journée; s'ils s'échappent et qu'on les interroge sur leur conduite, ils sont invariablement allés, le matin, acheter un *tong-si*[1]; le soir, prendre un bain.

Cependant nous ne pouvions pas rester dans cette mauvaise habitation. Mgr Desflèches eut alors l'extrême obligeance de louer pour nous, dans un des plus beaux quartiers de la ville, un superbe *koung-kōuan*.

Dans un vaste terrain enclos de murs, des appartements d'un seul étage ont été disséminés en tous sens, grands et petits, communiquant ensemble par un système de couloirs et de vérandahs et formant un véritable labyrinthe : c'est le genre des palais chinois.

Nous étions plus au large qu'à Tchong-kin, mais nous ne pouvions jouir de la vue. Ce désavantage était en partie compensé par de vastes

[1] Objet, quelque chose.

jardins qui nous donnaient beaucoup d'ombre : nous en sentions la nécessité, car déjà il faisait très-chaud.

L'intérieur de notre logement ressemblant beaucoup à celui que nous avons décrit à Tchong-kin, nous en épargnerons la peinture au lecteur. Pourtant, ici, un certain luxe nous environne : les chaises du salon, en bois noir sculpté, sont couvertes d'une bande de drap rouge brodée de soie de différentes couleurs ; de petites tables à thé les séparent. Il y avait au milieu une table plus grande, sur le devant de laquelle était fixée une espèce de tablier de même étoffe que la bande des chaises. Au-dessus de l'invariable canapé qui est au fond de tous les salons, deux bronzes représentaient, l'un, une divinité chinoise chevauchant le *ma-lou* (« cheval-cerf ») ; l'autre, un philosophe sur un mulet. Un papier gai tendait les murs : c'étaient des dessins blancs sur blanc, en relief, figurant des chauves-souris, emblème du bonheur. Sous la vérandah et au milieu des chambres, pendaient des lanternes de Canton où l'on avait peint des personnages.

Deux jardins charmants nous entouraient : l'un était rempli de fleurs, l'autre avait l'aspect d'un parc.

Dans le premier fleurissaient les péonias rouges, qui sont les pivoines en arbuste; les magnolias yulan, qui couvrent leur cône de larges roses de porcelaine; les *mo-li-hoa*, arbre haut de cinq à six pieds, dont les fleurs sont pareilles au jasmin double, et dont les feuilles rappellent celles des jeunes citronniers. Dans l'autre, des ormes, des saules, des *nan-mou*, croissaient en abondance. Ce dernier arbre, qui ressemble au cèdre, donne un bois excellent pour les constructions : les Chinois l'estiment et l'emploient fort.

Nous nous installâmes du mieux possible dans notre nouveau logement. Le premier jour de notre arrivée, nous eûmes le plaisir inappréciable de déjeuner avec trois Français : Mgr Pinchon, évêque de Tchen-tou; Mgr Desflèches, évêque de Tchong-kin, et l'évêque du Thibet, Mgr Chauveau.

Ce savant prélat, à l'esprit si distingué et si

énergique, vient de mourir il y a quelques mois à peine. Il habitait à Ta-shien-lou, sur la frontière du Thibet, où plusieurs fois nos missionnaires ont essayé de rentrer : mais ils n'ont pu pénétrer jusqu'à Lha-ssa. Je vois encore ce bon vieillard à barbe blanche, si ému et si heureux de parler de la France avec nous : quand il sut qu'il allait arriver à Tchen-tou des compatriotes, il fit quinze jours de route pour y venir, et il fondit en larmes en nous voyant. C'était un causeur vif, spirituel, charmant. Il nous raconta un fait étrange et qui donne bien l'idée de l'isolement absolu des missionnaires dans ces héroïques exils. Son voisin du Yu-nan, le vénérable doyen des évêques de Chine, avait été envoyé là jeune encore, vers la fin du règne de Louis XVIII. Quelque temps avant l'expédition française en 1860, il reçut un journal qui datait déjà de cinq ou six ans, auquel il ne comprit rien du tout. Quand il lui arriva enfin de voir une figure européenne, il s'enquit avidement des nouvelles de la patrie, et sa stupéfaction fut profonde : il avait ignoré les six années de Charles X, la révolution de Juillet, Louis-Philippe, la république, le second Empire. — Mgr Chauveau nous fit également le récit de l'apostolat de Mgr Dufraisse, qui en 1815 avait été martyrisé à Tchen-tou même, où nous étions. Nous eûmes de longues causeries, et nous ressentions tous le même bonheur ineffable de retrouver momentanément, dans un groupe de quelques cœurs battant pour un commun amour, la France lointaine.

A Tchen-tou, nous sortions peu. La population n'était pas hostile, mais d'une curiosité désagréable. Nous ne voulions donc pas nous trop montrer.

Nous avions pourtant à faire plusieurs visites, dont deux importantes : l'une au vice-roi de la province, l'autre au maréchal tartare. Plusieurs lettres écrites à ces deux personnages pour leur demander audience étaient restées sans réponse.

Dans ces conjonctures, il nous arriva une nouvelle qui nous jeta dans la plus vive inquiétude. M. Margary, interprète de la légation d'Angleterre, venait d'être assassiné à Manwyne, dans le Yu-nan. Il rentrait en Chine par la Birmanie et devait aller à Chang-haï en descendant le fleuve Bleu : on nous avait annoncé sa venue, et nous aurions voyagé ensemble au retour. Nous étions peu rassurés, nous voyant isolés au centre d'une grande cité peu sympathique aux étrangers. Et toujours pas de réponse du vice-roi !

Cependant le meurtre de M. Margary, connu maintenant dans toute la ville, y avait causé un certain émoi : des rumeurs malveillantes se manifestaient. Un jour, elles prirent corps et se traduisirent en un placard hostile aux chrétiens en général et aux deux diables d'Occident en particulier.

J'avais précisément alors à aller faire une visite officielle au sous-préfet. Je monte en palanquin, et, pour éviter les regards curieux, je baisse le rideau de ma chaise. Quatre chrétiens me portaient, quatre soldats de Tchong-kin me servaient d'escorte.

Après avoir suivi une longue rue, nous débouchons tout à coup sur une grande place, où une foule compacte stationnait devant un théâtre ambulant. Les Chinois sont très-friands de ce plaisir : j'espérais n'être pas vu d'eux. Mes porteurs travaillaient à se frayer un chemin ; les soldats criaient très-haut de faire place. Malgré cela, nous avancions lentement. Soudain je me sens toucher le bout du pied, qui, par mégarde, passait un peu sous le tablier du palanquin : je le retire vivement, mais il était trop tard. J'entends se croiser des exclamations :

« Oh ! le drôle de pied ! — Avez-vous vu ? — Qui est-ce qui peut être là dedans ? — C'est un diable d'Occident, sans aucun doute ! — Allons regarder. »

Et il y en eut un, plus hardi que les autres, qui souleva l'étoffe.

« Oui, c'est un étranger ! — Venez, venez. »

On ne prête plus d'attention au théâtre ; bientôt toute la foule est autour du palanquin.

Les injures pleuvaient ; quelqu'un même cria : « *Ta, ta !* (« Frappez, frappez ! ») Que vient-il faire ici ? « Je relevai le tablier, tous pouvaient me voir maintenant, et leur curiosité satisfaite, je pensais pouvoir continuer mon chemin. Mais ils ne se calmèrent pas pour cela. Les uns me menaçaient avec des bambous, les autres me lançaient des poignées de terre; quelques pierres même m'atteignirent; mais nul n'osa porter la main sur le palanquin.

Les Chinois ont, malgré eux, le respect des insignes de l'autorité. J'étais dans un palanquin bleu, le chapeau officiel coiffait mes domestiques, et je m'abritais, pour ainsi dire, sous la sauvegarde des mandarins. Je fus cependant bien secoué; par moments, on poussait les porteurs, et quelques-uns cherchaient à les renverser. Si la chaise était tombée à terre, je suis convaincu que c'en eût été fait de moi. Heureusement ceux qui la soutenaient, tant chrétiens, avaient le plus grand intérêt à ce qu'il ne m'arrivât pas malheur. Ils furent très-adroi.s.

Le *ya-men* du sous-préfet était encore fort loin : je vis qu'il me serait impossible d'y arriver, les choses menaçant de tourner au tragique si je restais plus longtemps au milieu de cette foule peu bienveillante.

Je savais que la résidence de Mgr Pinchon était

aux environs de la place ; je donnai l'ordre à mes gens d'y aller.

« Au *Tien-chou-tang!* » (« Au temple du Dieu du ciel!) » dis-je.

Ils m'y déposèrent. Mais la foule, toujours tumultueuse, ne cessa de vociférer au dehors et de jeter des pierres. Je ne pouvais demeurer là longtemps : une émeute était à craindre. Je laissai la chaise bleue et sortis par une petite porte, dans un palanquin vulgaire à deux porteurs, qui me ramena à notre *koung-kouan*.

Pendant plusieurs jours nous fûmes très-alarmés. Nous nous demandions si l'on n'allait pas venir nous assiéger dans notre maison. Le vice-roi semblait prendre plaisir à faire durer nos transes : nos lettrés revenaient toujours sans qu'il se fût laissé voir. Il s'était borné seulement à faire arracher des murs les placards. Enfin, cinq ou six jours après cette sortie dangereuse, il daigna nous envoyer un préfet, chargé d'une lettre de Son Excellence.

Il consentait à nous recevoir et mettait à notre disposition une nombreuse escorte.

Batelier de notre jonque un jour de pluie.

Acteurs d'un théâtre de Chen-tou-fou.

Donc, le lendemain, nous commandâmes à notre diseur de « *cheu* » de faire préparer deux palanquins, un vert et un bleu. A une heure de l'après-midi, nous étions en route. Toute la partie de la ville où nous habitions, sachant que nous allions sortir, était sur pied pour nous voir passer.

Plus de cinq cents personnes encombraient déjà les abords du *Koung-kouan*. Mais les soldats du vice-roi ne se laissaient pas intimider : ils firent faire place énergiquement. Nous étions en habit noir, et je comprends aisément tout ce que ce costume peut avoir d'étrange pour la population de Tchen-tou. Certes leurs vêtements sont bien plus beaux, bien plus riches, et surtout bien plus commodes ; et c'était la première fois qu'ils assistaient à un pareil spectacle ; ils étaient donc excusables d'en rire à cœur joie.

Le *ya-men* d'un vice-roi a été décrit déjà dans plusieurs ouvrages ; presque tous sont disposés de la même manière. Celui de Tchong-tou est un des plus éclatants et des plus magnifiques.

A notre arrivée, des coureurs poussent deux

fois une espèce de rugissement, pour nous annoncer. Nous nous avançons entre trois rangs de soldats, rouges et noirs, les uns armés de fusils, les autres de lances, quelques-uns portant des bannières bigarrées avec de grands caractères chinois. Après avoir ainsi franchi deux portes, et entre chacune d'elles une immense cour, nous en apercevons au fond une troisième, carrée, large, toute rouge, où sont peints deux tigres vert et or.

Elle s'ouvre, et comme une toile se lève dans une féerie, elle laisse apparaître derrière elle le puissant Ho, vice-roi du Se-Tchuen, entouré d'une centaine de hauts mandarins en demi-cercle, tous en costume de cérémonie.

Le vice-roi est un gros homme de soixante ans, assez aimable. Il nous donna des paroles de paix, et voulut, je crois, nous étonner par la réception qu'il nous fit : le fait est qu'elle était très-belle et très-imposante.

Le lendemain, c'était le tour de notre seconde visite à un autre puissant personnage, au *kian-kiun* ou maréchal tartare.

Dans toutes les cités importantes de l'empire, il y a un quartier tartare qui est comme une ville dans la ville. Là le maréchal a son palais, et ses soldats, tous Mandchoux, sont logés autour de lui avec leurs familles. Le *kian-kiun* est le représentant de l'empereur; le vice-roi ne peut rien faire sans son concours. La dynastie actuelle, n'étant pas certaine d'être aimée partout, s'impose par ses Tartares; de là le quartier spécial dont nous venons de parler. Les Tartares ne cultivent pas la terre; ils sont au service particulier du souverain : tous sont soldats. En nous rendant chez le maréchal, nous voyons sous une porte, qui est, je crois, celle de la ville tartare, deux grandes cages de fer à peu près d'un mètre carré. Dans chacune était accroupi un malheureux torturé, dont la tête passait par une ouverture de la grille; cette tête était tuméfiée, et ce devait être pour le patient une souffrance épouvantable de ne pouvoir porter la main à sa figure souffrante, surtout par la chaleur qu'il faisait. Eh bien! le caractère chinois est tel qu'en voyant passer des êtres aussi grotesques que des Européens en habit, ces têtes douloureuses se mirent à rire...

Les condamnés à ce supplice, me dit-on, étaient coupables d'un vol de jeunes filles ; quatre mois de ce pilori leur avaient été infligés par le préfet, et le jugement de leur faute était affiché au-dessus des cages. Les malheureux ne pouvaient faire un mouvement ; ils ne mangeaient qu'avec l'aide de leurs parents ou de leurs amis. Ce fait, de voler des enfants ou des jeunes filles, quoique puni avec tant de rigueur, se rencontre fréquemment en Chine. Il arrive quelquefois que des pères vendent leurs filles à des maisons de débauche ; mais si ce crime se découvre, il est énergiquement puni par les lois.

Nous étions dans la ville tartare : nous traversâmes d'abord le champ de Mars, où des jeunes gens s'exerçaient au tir de la flèche. C'étaient, sans doute, des aspirants au grade de bachelier militaire. Un officier chinois doit savoir bien tirer de l'arc et soulever de grosses pierres : c'est là la principale partie de l'examen.

Toutes les maisons de la cité tartare sont entourées de jardins agréables et spacieux. Ce quartier renferme de vrais boulevards, tels que je n'en ai vu nulle part en Chine; car ceux de Pe-kin, on l'a dit avec raison, sont des cloaques.

Il y avait toujours foule sur notre passage, et foule très-gaie : nous étions pour toute la ville une cause de grande joie. Nous franchîmes la porte du *ya-men* du *kian-kiun*. Les cours plantées d'arbres élevés lui donnent l'aspect d'une campagne : des jardins de toutes dimensions se succèdent; partout des soldats font la haie ; la garnison est debout tout entière. Ce fut une réception magnifique, qui l'emporta même sur celle que nous avait faite le vice-roi. Nous apercevions de loin, à travers deux ou trois cours, le maréchal au centre d'un état-major de quatre cents mandarins. Il nous reçut avec courtoisie. Nous entrâmes dans un salon donnant sur un jardin plein de fleurs et où bruissait une cascade. On nous servit une collation qui nous fit plaisir : j'y mangeai d'excellents nids d'hirondelle au sucre.

Depuis quelques moments nous percevions des bruits singuliers : c'était comme un susurrement contenu d'où jaillissaient parfois des fusées grêles. Nous cherchions inutilement des yeux ce qui pouvait produire ces drôles de sons; enfin nous aperçûmes que des trous avaient été pratiqués dans la cloison, et que des yeux malins nous regardaient. C'étaient les femmes, les filles du maréchal et toutes les grandes dames de la ville à qui le *kian-kiun* donnait le régal de nos cravates blanches et de nos queues de morue.

Son Excellence parla peu : il avait soixante ans et était sourd; mais il cachait son infirmité et son âge pour n'être pas mis d'office à la retraite.

Quand nous sortîmes du *ya-men*, ce fut parmi le peuple une tempête de rires. Dans les rues, aux portes, aux fenêtres, sur les toits, les terrasses, les murs, les arbres, des têtes moutonnaient comme des vagues dans la mer. Dès qu'à ces regards affamés nos fracs noirs et notre linge blanc eurent été livrés en pâture, ce fut une explosion d'immense gaieté : on trépignait, on criait, on aboyait de rire : quelques-uns s'approchaient tout près et nous jetaient des gloussements à la figure. Nous étions étourdis et ahuris par cette hilarité formidable.

Les femmes se distinguaient particulièrement par leurs points d'orgue : beaucoup avaient des enfants sur les bras. C'étaient toutes des femmes tartares, « aux grands pieds », car les Mandchoux ne tiennent pas comme les Chinois à ce que les mollets de leurs filles se terminent par un moignon, et ils ne déforment pas ce que la nature a pris soin de bien faire.

Nous rentrons à notre *koung-kouan* enchantés de notre visite. J'ai assisté plusieurs fois à des cérémonies officielles, mais jamais dans aucune ville je ne vis une réception d'apparat comparable aux deux qui nous furent faites à Tchen-tou.

Nous ne sommes qu'au 20 mai, nous avons déjà 100° Fahrenheit; nous ne pouvons plus supporter nos vêtements européens et sommes forcés de nous faire faire des habits de chambre en soie très-légère; nous passons une partie de la journée étendus sur des chaises de rotin. Les missionnaires viennent nous voir souvent, s'entretiennent longtemps avec nous, et le temps s'écoule moins monotone dans la société de nos compatriotes.

Nous attendions que les deux grands personnages qui nous avaient reçus nous rendissent notre visite pour faire nos préparatifs de départ. Enfin, une après-midi, nous vîmes venir un cavalier qui nous apportait deux vastes pancartes rouges : en les remettant, il nous annonça que le vice-roi et le maréchal tartare étaient sortis de leurs *ya-men* pour nous visiter. Nous remarquâmes avec surprise que ces cartes étaient écrites à la main, en lettres de dix centimètres de long. Ce n'était pas la coutume : elles sont imprimées d'ordinaire avec un timbre de bois, et de plus nous savions que les caractères des cartes du vice-roi étaient de grosseur ordinaire. En Chine, leur dimension est proportionnelle au grade du mandarin : nos visiteurs avaient tout simplement voulu nous éblouir de leur importance.

Le gong résonne : voici Leurs Excellences, avec des suites nombreuses. Nous voyons s'avancer des porteurs de parasols, des hérauts chargés d'enseignes où étaient écrits les titres et qualités de leurs maîtres ; des soldats de toutes les couleurs, des bourreaux coiffés de chapeaux pointus, vêtus de rouge, d'autres en noir avec des ceintures rouges; des mandarins en chaise bleue à quatre porteurs, et d'autres à cheval. Tout ce monde envahit la cour de la maison.

Nous nous rendons sur la porte, comme il est d'usage pour recevoir les visiteurs, et nous les conduisons dans le *ko-ting*. Là il y eut entre le maréchal et le vice-roi un assaut de politesse, ni l'un ni l'autre ne voulant accepter la première place. Enfin le maréchal, en considération de son âge, se laissa faire. Avec les deux grands personnages, entrèrent encore dans le salon le *tao-taï*, M. To, et le préfet, M. Li. Ils faisaient partie tous les deux du cortége des Excellences, et vinrent s'asseoir à leur suite. Derrière chacun un domestique était debout, portant la pipe à eau de son maître. Cela a toujours lieu ainsi et dans toutes les circonstances, de sorte qu'un mandarin n'a pas un secret qui ne soit celui de son domestique : s'il reçoit une lettre, le valet la lit par-dessus son épaule; s'il traite une affaire ou parle de choses importantes, il s'en fait entendre de loin; car il a l'habitude de crier, surtout quand il s'adresse à un Européen, s'imaginant se faire par là mieux comprendre.

Un goûter, que notre cuisinier essaya de faire digne de tels hôtes, leur fut offert : il s'était surtout distingué dans la confection de certaine crème au chocolat qui devait conquérir les nobles visiteurs : mais nous insistâmes vainement pour en faire goûter au maréchal. Il ne voulut tremper les lèvres dans aucune de nos douceurs inconnues ; le vice-roi fit mine d'essayer, pour la forme, et excusa son « vieux frère », disant que le *kian-kiun* avait mal au nez, et que la crème lui était contraire.

Le 2 juin, nous montons en palanquin pour aller à bord de nos deux anciennes barques elles vont maintenant nous porter à Han-keou. Nous avions eu d'abord l'intention de retourner à Pe-kin par terre, en suivant la grande route impériale qui passe à Si-ngan-fou, dans le Chen-si ; mais nous étions déjà fatigués, et pendant les chaleurs ce voyage eût été trop pénible et trop long. Nous résolûmes donc de reprendre le même chemin, malgré les dangers que nous pourrions courir en descendant le fleuve Bleu à l'époque de la crue. D'ailleurs, c'est le retour le plus rapide : dans un mois nous pouvons arriver à Han-keou.

Nous traversons la ville précédés par les chaises des délégués Lu et Wen, et escortés de nos quatre soldats de Tchong-kin. Autour de nous les rues spacieuses, les places de caractère différent renouvellent sans cesse leur aspect. Un avaleur de sabres fait des prodiges au milieu d'un cercle avide; une sorte de Guignol chinois est dressé à la croisée de deux boulevards; un diseur de bonne aventure, entre une toile où est peint un philosophe et une table chargée de menus accessoires, tire, pour quelques sapèques, l'horoscope des passants; un lettré déclame les livres de Confucius ou bien récite un roman. Nous rencontrons bon nombre de porteurs d'eau, venant de la rivière; sur leur épaule, deux seaux sont fixés à l'extrémité d'un bambou, et, pour empêcher que l'eau ne se renverse, ils les ont recouverts de roseaux en croix. Au moment de passer le pont pour aller nous embarquer, nous voyons émerger d'un toit un dragon bariolé, en terre cuite, qui regarde fixement vers la rivière et ouvre une gueule épouvantable. En arrivant sur la barque, je demandai à M. Wen la signification de ce monstre.

« C'est, me dit-il, que l'angle du pont détruit le *fong-choui;* le dragon est là pour veiller à l'harmonie des lignes violées. Il conjure du regard le mauvais sort, et il est prêt à dévorer l'esprit qui s'élancerait de cet angle. »

Nous contemplâmes une dernière fois cette belle capitale, qui un moment nous avait été peu hospitalière, mais dont nous emportions, en somme, un grand souvenir.

Les bateliers coupèrent les amarres et s'armèrent des avirons. Le canal de Tchen-tou nous entraîna rapidement loin des murs élevés de la ville. Quelques heures plus tard nous étions dans la rivière Min.

Nous fîmes 360 *ly* en deux jours et parvînmes le second soir à Kia-tin-fou.

Quand nous eûmes dépassé cette ville, nous franchîmes avec beaucoup de bonheur un rapide réputé très-dangereux, en face de Kien-ouei-shien. Il paraît qu'en novembre et en décembre c'est le plus mauvais pas qui soit, de Tchen-tou à I-tchang.

Déjà Su-tcheou-fou apparaît ; nous y sommes, et nous quittons la rivière Min pour rentrer dans le fleuve Bleu [1]. Les eaux ont considérablement augmenté de volume ; le courant est très-fort ; les flots roulent impétueux. Le Yang-tze semble ainsi s'élargir, pour mieux recevoir la rivière et s'avancer vers elle avec une plus haute majesté. Du choc de ces masses naissent des tourbillons menaçants : notre barque est prise au milieu d'eux, et ils s'acharnent sur elle, pesant de toutes leurs forces, la tâtant, la reprenant, la secouant avec rage et crachant sur son pont toutes leurs écumes ; mais elle résiste, et après avoir lutté pendant dix minutes contre leur assaut, elle sort victorieuse.

En descendant le fleuve, surtout à l'époque des grandes eaux, les barques n'ont pas de voiles : sur l'avant, on adapte une godille longue de trois ou quatre mètres, qui aide le gouvernail et sert de frein au courant.

[1] De sa source à Su-tcheou-fou le fleuve Bleu s'appelle *Kin-chă-kiang* (fleuve aux sables d'or).

Le 8 juin, dans la matinée, nous passions devant Ho-kiang. Le *lao-pan* nous pria de nous y arrêter, nous donnant pour motif de sa demande que c'était la fête patronale d'un des *dragons spirituels de la cinquième région*[1]. Devant une raison aussi concluante, nous nous inclinâmes et consentîmes à stopper. Nous fîmes donc une station d'une demi-journée pour permettre aux bateliers de rendre leurs devoirs au saint monstre. Ils prirent le temps d'aller brûler leurs bâtonnets dans la pagode, et revinrent à bord tranquilles et contents. Si le dragon ne fut pas satisfait de ces dévots, c'est, certes, un dragon difficile! car ils passèrent le reste de la nuit à allumer de petits papiers, à frapper sur un tam-tam, à boire du vin de riz, à remuer des espèces de dominos et à jouer aux cartes chinoises. Le moyen de n'être pas touché après cela, eût-on des ailes de chauve-souris, la queue d'un serpent et des griffes de tigre?

Ils jouaient avec passion : le jeu est une vo-

[1] Le midi.

lupté pour les Chinois : il en est, dit-on, qui après avoir perdu en quelques coups leurs biens, leurs femmes et leurs enfants, mettent un doigt pour enjeu, et s'ils perdent, se le coupent. Aussi les lois sont-elles sévères à ce sujet : le mandarin qui s'y conforme fait confisquer sur place les tables de jeu, et inflige aux délinquants des coups de rotin.

De dessus notre barque que le courant emporte nous voyons sur les bords du fleuve des hommes et des femmes occupés à la récolte de l'opium : ils fendent les têtes de pavot avec de petites lames, et reçoivent la liqueur dans des godets. Un peu plus loin, on cueille le chanvre.

Le surlendemain de notre passage à Ho-kiang, nous descendions à Tchong-kin. Nous avions mis, au retour, sept jours à faire le voyage, pour lequel il nous avait fallu un mois à l'aller. Nous restâmes peu de temps à Tchong-kin : il y faisait de la pluie et une chaleur insupportable. Les mandarins, avec qui nous avions eu de bons rapports, vinrent nous visiter et nous offrir des présents.

Nous remontons en jonque, nous partons. Maintenant des champs de riz magnifiques verdoyaient sur la rive gauche; la droite était couverte de millet, de sorgho et de sésame.

Avant d'arriver à Kouei-fou, nous eûmes affaire à un rapide plein de danger; il s'appelle le Sun-tcheou. Les rapides ne laissent plus le temps de la réflexion, on y est poussé dans un vertige. Tout est laissé au pilote, dont une seule distraction peut causer la perte de la barque.

Force nous est de nous arrêter à Kouei-fou : l'endroit est trop périlleux; il faut attendre deux jours pour ne pas nous heurter à un rocher noyé dans le fleuve. Il n'y pas assez d'eau pour l'enjamber, il y en a trop pour le voir et l'éviter.

Pendant nos quarante-huit heures de relâche, nous pûmes assister à une joute de bateaux-dragons. Ils avaient à peu près vingt-sept pieds de long sur deux de large et étaient montés chacun par une quarantaine d'hommes. A l'avant, l'un des mariniers agitait dans ses mains deux drapeaux, et au milieu un tambour, suivant la mesure qu'ils marquaient, sonnait la cadence aux rameurs. Le Chinois, qui pour lui se soucie peu de la mort, pousse vraiment trop loin cette indifférence à l'égard de son prochain! Un de ces bateaux chavira devant nous : presque tous les hommes qu'il portait se noyèrent, cinq ou six purent se sauver sur trente ou quarante. Eh bien, la fête ne s'interrompit pas pour si peu! Les autres continuèrent gaiement à jouter, à chanter, à crier, à frapper sur le tambour et sur le gong. Le soir, des jeunes filles, dans des bateaux couverts de lanternes et peints de diverses couleurs, vinrent jouer de la musique sur le fleuve et chantèrent. Je dois avouer, comme correctif, que ces harmonies sont épouvantables.

Le lendemain matin, nous quittions Kouei-fou, et nous rentrions dans les gorges. Le rocher qui nous avait tenus deux jours en échec était franchi. Mais un tourbillon énorme saisit la jonque, et la fit tourner comme une toupie. Nous ne pouvions nous tirer de cet entonnoir, et cette singulière position dura bien dix minutes. Ce passage peu commode porte le nom de Ta-ien-weï-cheu.

Un rapide nous précipite dans un autre, et notre barque pour la cuisine a son gouvernail emporté.

Nous marchons comme le vent, faisant parfois trente lieues par jour. C'est l'avantage de cette route semée de dangers.

Nous passons successivement devant I-thang, Kin-tcheou, Cha-cheu. Ici l'on peut se croire en pleine mer. Le grand fleuve, longtemps emprisonné dans des gorges, s'échappe enfin et déborde sur les champs, les chemins et les villes. Tout est envahi : cette immense masse d'eau ne s'arrête plus qu'aux montagnes. Les inondations sont fréquentes en Chine : dans le nord, le grand dévastateur est le fleuve Jaune ; dans le midi, c'est le fleuve Bleu[1].

Nous avons hâte d'arriver à Han-keou : nous souffrons horriblement de la chaleur : l'eau que nous buvons est toujours chaude, et le soleil, qui se réverbère implacablement dans le fleuve énorme, nous consume : il semble que nous naviguions sur une mer de plomb fondu.

Enfin, le 30 juin, nous abordons au port souhaité ! Nous y recevons une cordiale hospitalité chez mon ami M. de Novion, commissaire des

[1] A Fou-tcheou, le fleuve Min n'est pas moins terrible : en 1876, il emporta le fameux pont dit « des dix mille ans ».

douanes impériales maritimes. Je n'oublierai jamais avec quelle volupté je me jetai sur une carafe d'eau glacée.

« Nous sommes donc de retour ! me disais-je. Voici une ville européenne où l'on peut boire frais quand il fait chaud, où le confort existe et n'est pas une excentricité qui prête à rire ! »

En retrouvant enfin à Han-keou l'empreinte de la civilisation d'Occident, en sortant de la Chine pure, j'éprouvai quelque chose de l'impression d'un explorateur qui serait descendu au fond de la terre, aurait visité les merveilles des mines lointaines, étudié curieusement les minerais, suivi les veines, et, fatigué de la nuit continue et du manque d'air, remonterait enfin au jour.

Et n'est-ce pas une mine aussi, la riche province que nous venons de parcourir ? N'y a-t-il pas là spécialement pour notre pays de précieuses extractions à faire ? Ce que les Anglais ont achevé pour eux sur le littoral, les missionnaires dans l'intérieur ne l'ont-ils pas commencé pour la France ? Si notre commerce pénétrait par la voie frayée ! si nous voulions profiter des relations acquises !

Je songeais à tout cela, et au milieu de ma joie à me sentir parmi des Européens, à habiter leur quartier, à y retrouver un peu de la patrie, le souvenir me revenait des exilés que j'avais quittés ; je revoyais ce vieux prêtre qui avait fait quinze jours de chaise pour parler à des Français et s'était mis à pleurer en nous apercevant. Je repassais à part moi tout ce voyage, ce que j'avais vu, ce que j'avais pensé, ce que j'avais appris : l'esprit à la fois si actif et si rétrograde de ce peuple, sa civilisation et sa corruption profondes, ses hostilités et ses bienveillances, sa dégénération et ses germes d'avenir. Alors je me pris à souhaiter pour ce grand empire si digne d'intérêt et de sympathie une rénovation qui le retrempât tout entier ; je rêvai pour lui une main énergique qui harmonisât ces éléments disparates, un chef enfin qui, mettant au service d'une idée élevée ces deux forces, le travail, le respect de l'autorité, leur imprimât une puissance d'irrésistible expansion.

TABLE

I

DE CHANG-HAI A OU-HOU

II

DE NGAN-KIN-FOU A HAN-KEOU

III

EN JONQUE

IV

DE KIN-KEOU A KIN-TCHEOU

V

I-TCHANG-FOU ET LA FIN DU HOU-PE

VI

LE SE-TCHUEN

VII

TCHONG-KIN

VIII

ADMINISTRATION, JUSTICE, LOIS

IX

DE TCHONG-KIN A TCHEN-TOU

X

TCHEN-TOU

PARIS. TYPOGRAPHIE DE E. PLON ET Cie, RUE GARANCIÈRE, 8.

TABLE DES GRAVURES